JN079549

技術士第二次試験

「機械部門」過去問題

〈論文試験たっぷり100問〉の要点と万全対策

福田 遵［監著］

大原良友［著］

新制度
対応

機

日刊工業新聞社

は じ め に

　技術士第二次試験は定期的に出題形式を変える試験で、最近の改正だけを挙げても、平成19年度試験、平成25年度試験、令和元年度試験で大きな変更を行っています。現在の試験制度では、すべての試験科目で記述式の問題が出題されており、技術士試験が始まった最初の形式に戻ったといえます。また、「技術士に求められる資質能力（コンピテンシー）」が公表され、この評価項目に基づいて解答した内容が判定されるようになりました。

　記述式問題というと、指定された文字数を書き上げれば合格点に達するのではないかという、安易な考えで筆記試験に臨む受験者も中にはいますが、技術士第二次試験はそんなに生易しい試験ではありません。技術士第二次試験は、最近注目されている社会情勢や技術動向を理解して、技術者としてしっかりした意見を持っていなければ高い評価が得られない試験です。そういった内容を漠然と探したとしても、効率的な勉強はできません。効率的にポイントとなる事項を理解して、集中的にその内容を吸収していく勉強法が求められます。それを実現するのが問題研究です。

　本著では、各選択科目を受験する読者に、過去問題と練習問題を合わせて100問余を提供しています。これらの問題に対して、ただ単に、「こういった問題が出題されたのか」という感想を持つだけでなく、次のようなポイントを理解して、自分で調べたり、実際に書いてみると、効果的な勉強ができると考えます。

①　どういった内容が出題されるか

②　どういった事項を問うているのか

③　どういった解答プロセスを身につけなければならないか

④　評価項目と小設問の関係について

⑤　問題文に隠れた意図をどう探るか

⑥　課題とは何か

⑦　普段からどういった視点（観点）を持たなければならないか

　本著を生かして勉強するためには、100問余の問題すべてに対して、記述すべき項目を書き出してみる「項目立て」をしてみてください。単に問題文だけを読むのでは、出題の意図を見つけ出すことはできません。監著者は、30年近くにわたって複数の技術部門の数百名の受験者を指導してきました。その多くは、当初、問題文の本質を理解しないままに解答を書き出してしまう受験者でした。それでは何年受験しても合格は勝ち取れません。試験問題の項目立てをしてもらうと、出題意図を理解しているかどうかはすぐにわかります。そういった指導を続けていくと、多くの受講者は、問題文の読み方や技術士として求められている本質が何かをつかんできます。そうすると、解答内容が大きく変化していきます。そうなった受講者は、必ず合格を勝ち取ります。

　こういった指導を、監著者は、「試験問題100本ノック方式」として多くの受講者に実践してもらいました。それを書籍で実現しようというのが本著のねらいです。読者は、その目的を理解して、「項目立て」をしながら、内容的に理解できない事項を自分で調べ、調べた内容を1つのファイルに項目別に整理する方式で、自分独自の「技術士試験サブノート」を作ってみてください。このサブノートがファイル1冊程度になってくると、知識の面でも充実していき、問題文を解析する能力もついてきますので、合格可能性はずっと高まっていきます。こういった勉強は、技術士に求められている継続研さんの基礎となります。このように、合格できる条件が、継続する力だという認識を持ってもらいたいと考えます。過去の技術士第二次試験は、運と実力が共に必要であった試験でしたが、現在の技術士第二次試験は、技術者が本来持つべき能力があれば、誰でも合格できる試験になっています。そのため、「本来、技術者に求められていることは何か？」という原点に立ち返って勉強してもらえれば、技術士への道は開けます。

　最後に、本著の企画を提案していただいた日刊工業新聞社出版局の鈴木徹氏、および本著と共に、建設部門と電気電子部門とのシリーズ化に賛同していただいた、機械部門の大原良友氏と建設部門の羽原啓司氏に対しこの場を借りてお礼を申し上げます。

2019年12月

福　田　　遵

目　次

iii

第1章

技術士第二次試験について

　技術士第二次試験は、昭和33年に試験制度が創設されて以来、記述式問題が評価の中心となる試験です。平成12年度試験までの解答文字数は12,000字でしたが、その後の3回の改正で徐々に解答文字数が削減され、平成25年度の試験改正では4,200字まで削減されました。それが、令和元年度の改正で必須科目（Ⅰ）の択一式問題が記述式問題に変更されたため、5,400字と増加しています。また、過去の出題では思いがけないテーマが出題されていた時期もありましたが、そういった出題はなくなり、納得のいくテーマが選定されるようになりました。そのため、問題の当たりはずれによる不合格がなくなり、日頃、社会情勢や技術動向に興味を持って勉強してさえいれば、答案が作成できる内容になってきています。そういった点で、技術士になれる機会は高まっていると考えられますが、問題の要点をつかんでいない受験者は、このチャンスを生かせません。要点をつかむ方法として、過去に出題された問題を研究し、そこで求められている内容や、解答のプロセスを理解する方法があります。そういった勉強法を実現するために、本著を活用してもらえればと考えます。

1. 技術士とは

　技術士第二次試験は、受験者が技術士となるのにふさわしい人物であるかどうかを選別するために行われる試験ですので、まず目標となる技術士とは何かを知っていなければなりませんし、技術士制度についても十分理解をしておく必要があります。

　技術士法は昭和32年に制定されましたが、技術士制度を制定した理由としては、「学会に博士という最高の称号があるのに対して、実業界でもそれに匹敵する最高の資格を設けるべきである。」という実業界からの要請でした。この技術士制度を、公益社団法人日本技術士会で発行している『技術士試験受験のすすめ』という資料の冒頭で、次のように示しています。

技術士制度とは

　技術士制度は、「科学技術に関する技術的専門知識と高等の専門的応用能力及び豊富な実務経験を有し、公益を確保するため、高い技術者倫理を備えた、優れた技術者の育成」を図るための国による技術者の資格認定制度です。

　次に、技術士制度の目的を知っていなければなりませんので、それを技術士法の中に示された内容で見ると、第1条に次のように明記されています。

技術士法の目的

　「この法律は、技術士等の資格を定め、その業務の適正を図り、もって科学技術の向上と国民経済の発展に資することを目的とする。」

　昭和58年になって技術士補の資格を制定する技術士法の改正が行われ、昭和

59年からは技術士第一次試験が実施されるようになったため、技術士試験は技術士第二次試験と改称されました。しかし、当初は技術士第一次試験に合格しなくても技術士第二次試験の受験ができましたので、技術士第一次試験の受験者が非常に少ない時代が長く続いていました。それが、平成12年度試験制度改正によって、平成13年度試験からは技術士第一次試験の合格が第二次試験の受験資格となりました。その後は二段階選抜が定着して、多くの若手技術者が早い時期に技術士第一次試験に挑戦するという慣習が広がってきています。

次に、技術士とはどういった資格なのかについて説明します。その内容については、技術士法第2条に次のように定められています。

技術士とは

「技術士とは、登録を受け、技術士の名称を用いて、科学技術（人文科学のみに係るものを除く。）に関する高等の専門的応用能力を必要とする事項についての計画、研究、設計、分析、試験、評価又はこれらに関する指導の業務（他の法律においてその業務を行うことが制限されている業務を除く。）を行う者をいう。」

技術士になると建設業登録に不可欠な専任技術者となるだけではなく、各種国家試験の免除などの特典もあり、価値の高い資格となっています。具体的に、機械部門の技術士に与えられる特典には、次のようなものがあります。

 ①建設業の専任技術者

 ②建設業の監理技術者

 ③建設コンサルタントの技術管理者

 ④鉄道の設計管理者

 ⑤ボイラー・タービン主任技術者

その他に、以下の国家試験で一部免除があります。

 ①弁理士

 ②管工事施工管理技士

 ③消防設備士

④労働安全コンサルタント

　また、技術士には名刺に資格名称を入れることが許されており、ステータスとしても高い価値を持っています。技術士の英文名称はProfessional Engineer, Japan（PEJ）であり、アメリカやシンガポールなどのPE（Professional Engineer）資格と同じ名称になっていますが、これらの国のように業務上での強い権限はまだ与えられていません。しかし、実業界においては、技術士は高い評価を得ていますし、資格の国際化の面でも、APECエンジニアという資格の相互認証制度の日本側資格として、一級建築士とともに技術士が対象となっています。

2. 技術士試験制度について

（1）受験資格

　技術士第二次試験の受験資格としては、技術士第一次試験の合格が必須条件となっています。ただし、認定された教育機関（文部科学大臣が指定した大学等）を修了している場合は、第一次試験の合格と同様に扱われます。文部科学大臣が指定した大学等については毎年変化がありますので、公益社団法人日本技術士会ホームページ（http://www.engineer.or.jp）で確認してください。技術士試験制度を図示すると、図表1.1のようになります。本著では、機械部門の受験者を対象としているため、総合技術監理部門についての受験資格は示しませんので、総合技術監理部門の受験者は受験資格を別途確認してください。

【技術士試験の仕組み】

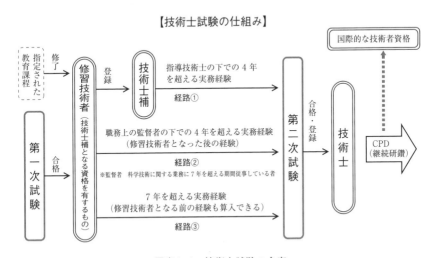

図表1.1　技術士試験の全容

受験資格としては、修習技術者であることが必須の条件となります。それに加えて、次の3条件のうちの1つが当てはまれば受験は可能となります。

① 技術士補として登録をして、指導技術士の下で4年を超える実務経験を経ていること。

② 修習技術者となって、職務上の監督者の下で4年を超える実務経験を経ていること。

　(注) 職務上の監督者には、企業などの上司である先輩技術者で指導を行っていれば問題なくなれます。その際には、監督者要件証明書が必要となりますので、受験申込み案内を熟読して書類を作成してください。

③ 技術士第一次試験合格前も含めて、7年を超える実務経験を経ていること。

技術士第二次試験を受験する人の多くは、技術士第一次試験に合格し、経験年数7年で技術士第二次試験を受験するという③のルートです。このルートの場合には、経験年数の7年は、技術士第一次試験に合格する以前の経験年数も算入できますし、その中には大学院の課程での経験も2年間までは含められますので、技術士第一次試験合格の翌年にも受験が可能となる人が多いからです。

(2) 技術部門

技術士には、図表1.2に示す21の技術部門があり、それぞれの技術部門で複数の選択科目が定められています。技術士第二次試験は、その選択科目ごとに試験が実施されます。選択科目は、令和元年度から図表1.2に示すように多くの技術部門で減少しています。

この中で、21番目の技術部門である総合技術監理部門では、その他20の技術部門の選択科目に対応した69の選択科目が設定されており、実質上、各技術部門の技術士の中でさらに経験を積んで、総合的な視点で監理ができる技術士という位置づけになっています。受験資格でも、他の技術部門よりも長い経験年数が設定されていますし、国土交通省関連の照査技術者は、総合技術監理部門以外の技術部門合格者ではなれなくなりました。そのため、技術士になった人

図表1.2　技術士の技術部門と選択科目

No.	技術部門	選択科目数	減少数
1	機械	6	▲4
2	船舶・海洋	1	▲2
3	航空・宇宙	1	▲2
4	電気電子	5	0
5	化学	4	▲1
6	繊維	2	▲2
7	金属	3	▲2
8	資源工学	2	▲1
9	建設	11	0
10	上下水道	2	▲1
11	衛生工学	3	▲2
12	農業	5	▲2
13	森林	3	▲1
14	水産	3	▲1
15	経営工学	2	▲3
16	情報工学	4	0
17	応用理学	3	0
18	生物工学	2	▲1
19	環境	4	0
20	原子力・放射線	3	▲2
21	総合技術監理	69	▲27

の多くは、最終的に総合技術監理部門の試験を受験しています。

(3) 機械部門の選択科目

　機械部門の選択科目は、令和元年度の試験改正で、10選択科目から6選択科目に削減されており、選択科目の内容も図表1.3のようになりました。

図表1.3　機械部門の選択科目

選択科目	選択科目の内容
機械設計	設計工学、機械総合、機械要素、設計情報管理、CAD（コンピュータ支援設計）・CAE（コンピュータ援用工学）、PLM（製品ライフサイクル管理）その他の機械設計に関する事項
材料強度・信頼性	材料力学、破壊力学、構造解析・設計、機械材料、表面工学・トライボロジー、安全性・信頼性工学その他の材料強度・信頼性に関する事項
機構ダイナミクス・制御	機械力学、制御工学、メカトロニクス、ロボット工学、交通・物流機械、建設機械、情報・精密機器、計測機器その他の機構ダイナミクス・制御に関する事項
熱・動力エネルギー機器	熱工学（熱力学、伝熱工学、燃焼工学）、熱交換器、空調機器、冷凍機器、内燃機関、外燃機関、ボイラ、太陽光発電、燃料電池その他の熱・動力エネルギー機器に関する事項
流体機器	流体工学、流体機械（ポンプ、ブロワー、圧縮機等）、風力発電、水車、油空圧機器その他の流体機器に関する事項
加工・生産システム・産業機械	加工技術、生産システム、生産設備・産業用ロボット、産業機械、工場計画その他の加工・生産システム・産業機械に関する事項

(4) 合格率

　受験者にとって心配な合格率の現状について示しますが、機械部門の場合には、令和元年度試験改正で、10の選択科目が6つに統廃合されていますので、統合された選択科目の合計で示したいと考えます。また、旧選択科目の受験者数についても選択科目で出題される内容に影響があると考えられますので、それも合わせて示します。なお、技術士第二次試験の場合には、途中で棄権した人も欠席者扱いになりますので、合格率は「対受験者数比」（図表1.4）と「対申込者数比」（図表1.5）で示します。「対受験者数比」の数字を見ても厳しい試験と感じますが、「対申込者数比」を見ると、さらにその厳しさがわかると

思います。

　なお、この表で「技術士全技術部門平均」の欄は総合技術監理部門以外の技術部門の平均を示しています。総合技術監理部門の受験者は、技術士資格をすでに持っている人がほとんどですので、これよりも高い合格率になっています。しかし、技術士が受験者のほとんどとはいっても、合格率は少し高い程度でしかありません。

図表1.4　対受験者数比合格率

新選択科目	旧選択科目	平成30年度 受験者数	平成30年度 合格率	平成29年度 合格率
機械設計	機械設計	279人	24.7%	21.6%
材料強度・信頼性	材料力学	199人	16.6%	19.2%
機構ダイナミクス・制御		202人	19.3%	20.4%
	機械力学・制御	51人	19.6%	20.6%
	交通・物流機械及び建設機械	104人	16.3%	17.2%
	ロボット	24人	20.8%	22.2%
	情報・精密機器	23人	30.4%	32.1%
熱・動力エネルギー機器		181人	21.5%	21.1%
	動力エネルギー	103人	15.5%	18.6%
	熱工学	78人	29.5%	24.0%
流体機器	流体工学	112人	15.2%	14.8%
加工・生産システム・産業機械	加工・ファクトリーオートメーション及び産業機械	85人	31.8%	27.9%
機械部門全体		1,058人	21.2%	20.6%
技術士全技術部門全体		22,635人	9.5%	13.9%

図表1.5　対申込者数比合格率

新選択科目	旧選択科目	平成30年度申込者数	平成30年度合格率	平成29年度合格率
機械設計	機械設計	310 人	22.3%	19.5%
材料強度・信頼性	材料力学	218 人	15.1%	16.9%
機構ダイナミクス・制御		245 人	15.9%	17.1%
	機械力学・制御	67 人	14.9%	17.3%
	交通・物流機械及び建設機械	129 人	13.2%	14.5%
	ロボット	25 人	20.0%	16.0%
	情報・精密機器	24 人	29.2%	29.0%
熱・動力エネルギー機器		217 人	18.0%	17.8%
	動力エネルギー	122 人	13.1%	15.6%
	熱工学	95 人	24.2%	20.5%
流体機器	流体工学	132 人	12.9%	13.0%
加工・生産システム・産業機械	加工・ファクトリーオートメーション及び産業機械	101 人	26.7%	23.5%
機械部門全体		1,223 人	18.3%	17.9%
技術士全技術部門全体		28,701 人	7.5%	11.0%

　機械部門の場合には、選択科目が大幅に変更されていますので、上記の合格率は参考資料となります。なお、どの選択科目で合格しても機械部門の技術士として平等に扱われますので、令和元年度試験の合格率も参考にして選択科目を選ぶのもよいでしょう。

3. 技術士第二次試験の内容

　これまでの技術士第二次試験の改正は、受験者の負担を減らそうという目的で、筆記試験で記述させる文字数を減らす方向に進んできていました。令和元年度試験からは択一式問題がなくなり、必須科目（Ⅰ）でも記述式問題が出題されるようになったため、記述しなければならない文字数は増加しています。また、口頭試験に関しては、口頭試験の中で厳しい評価をしていた時期もありましたが、現在の口頭試験では主に受験者の適格性を判断する判定にとどめようとしています。

　それでは、個々の試験項目別に現在の試験制度を確認しておきましょう。

（1）筆記試験の内容

　技術士試験では科目合格制を採用していますので、1つの科目で不合格となると、そこで不合格が確定してしまいます。具体的には、筆記試験の最初の科目である必須科目（Ⅰ）で合格点が取れないと、そこで不合格が確定してしまいますので、午前中の試験のでき具合が精神的に大きな影響を与えます。なお、午後の試験は、選択科目（Ⅱ）と選択科目（Ⅲ）にわけて問題が出題されますが、試験時間は両方を合わせて配分されていますし、選択科目の評価は、選択科目（Ⅱ）と選択科目（Ⅲ）の合計点でなされますので、2つの試験科目の合計点が合格ラインを上回ることを目標として試験に臨んでください。

（a）技術士に求められる資質能力（コンピテンシー）

　令和元年度試験からは、各試験科目の評価項目が公表されていますが、その内容をコンピテンシーとして説明していますので、各試験科目で出題される内容を説明する前に、図表1.6の内容を確認しておいてください。

図表1.6　技術士に求められる資質能力（コンピテンシー）

専門的学識	・技術士が専門とする技術分野（技術部門）の業務に必要な、技術部門全般にわたる専門知識及び選択科目に関する専門知識を理解し応用すること。 ・技術士の業務に必要な、我が国固有の法令等の制度及び社会・自然条件等に関する専門知識を理解し応用すること。
問題解決	・業務遂行上直面する複合的な問題に対して、これらの内容を明確にし、調査し、これらの背景に潜在する問題発生要因や制約要因を抽出し分析すること。 ・複合的な問題に関して、相反する要求事項（必要性、機能性、技術的実現性、安全性、経済性等）、それらによって及ぼされる影響の重要度を考慮した上で、複数の選択肢を提起し、これらを踏まえた解決策を合理的に提案し、又は改善すること。
マネジメント	・業務の計画・実行・検証・是正（変更）等の過程において、品質、コスト、納期及び生産性とリスク対応に関する要求事項、又は成果物（製品、システム、施設、プロジェクト、サービス等）に係る要求事項の特性（必要性、機能性、技術的実現性、安全性、経済性等）を満たすことを目的として、人員・設備・金銭・情報等の資源を配分すること。
評価	・業務遂行上の各段階における結果、最終的に得られる成果やその波及効果を評価し、次段階や別の業務の改善に資すること。
コミュニケーション	・業務履行上、口頭や文書等の方法を通じて、雇用者、上司や同僚、クライアントやユーザー等多様な関係者との間で、明確かつ効果的な意思疎通を行うこと。 ・海外における業務に携わる際は、一定の語学力による業務上必要な意思疎通に加え、現地の社会的文化的多様性を理解し関係者との間で可能な限り協調すること。
リーダーシップ	・業務遂行にあたり、明確なデザインと現場感覚を持ち、多様な関係者の利害等を調整し取りまとめることに努めること。 ・海外における業務に携わる際は、多様な価値観や能力を有する現地関係者とともに、プロジェクト等の事業や業務の遂行に努めること。
技術者倫理	・業務遂行にあたり、公衆の安全、健康及び福利を最優先に考慮した上で、社会、文化及び環境に対する影響を予見し、地球環境の保全等、次世代にわたる社会の持続性の確保に努め、技術士としての使命、社会的地位及び職責を自覚し、倫理的に行動すること。 ・業務履行上、関係法令等の制度が求めている事項を遵守すること。 ・業務履行上行う決定に際して、自らの業務及び責任の範囲を明確にし、これらの責任を負うこと。
継続研さん	・業務履行上必要な知見を深め、技術を修得し資質向上を図るように、十分な継続研さん（CPD）を行うこと。

(b) 必須科目 (Ⅰ)

令和元年度試験からは、必須科目 (Ⅰ) では、『「技術部門」全般にわたる専門知識、応用能力、問題解決能力及び課題遂行能力』を試す問題が記述式問題として出題されるようになりました。解答文字数は、600字詰用紙3枚ですので、1,800字の解答量になります。なお、試験時間は2時間です。問題の概念および出題内容と評価項目について図表1.7にまとめましたので、内容を確認してください。

図表1.7　必須科目 (Ⅰ) の出題内容等

概　念	専門知識 専門の技術分野の業務に必要で幅広く適用される原理等に関わる汎用的な専門知識
	応用能力 これまでに習得した知識や経験に基づき、与えられた条件に合わせて、問題や課題を正しく認識し、必要な分析を行い、業務遂行手順や業務上留意すべき点、工夫を要する点等について説明できる能力
	問題解決能力及び課題遂行能力 社会的なニーズや技術の進歩に伴い、社会や技術における様々な状況から、複合的な問題や課題を把握し、社会的利益や技術的優位性などの多様な視点からの調査・分析を経て、問題解決のための課題とその遂行について論理的かつ合理的に説明できる能力
出題内容	現代社会が抱えている様々な問題について、「技術部門」全般に関わる基礎的なエンジニアリング問題としての観点から、多面的に課題を抽出して、その解決方法を提示し遂行していくための提案を問う。
評価項目	技術士に求められる資質能力（コンピテンシー）のうち、専門的学識、問題解決、評価、技術者倫理、コミュニケーションの各項目

出題問題数は2問で、そのうちの1問を選択して解答します。

(c) 選択科目 (Ⅱ)

選択科目 (Ⅱ) は、次に説明する選択科目 (Ⅲ) と合わせて3時間30分の試験時間で行われます。休憩時間なしで試験が実施されますが、トイレ等に行きたい場合には、手を挙げて行くことができます。選択科目 (Ⅱ) の解答文字数は、600字詰用紙3枚ですので、1,800字の解答量になります。

選択科目 (Ⅱ) の出題内容は『「選択科目」についての専門知識及び応用能力』

を試す問題となっていますが、問題は、専門知識問題と応用能力問題にわけて
出題されます。

（ⅰ）選択科目（Ⅱ－1）

　　専門知識問題は、選択科目（Ⅱ－1）として出題されます。出題内容や
評価項目は図表1.8のようになっています。

図表1.8　専門知識問題の出題内容等

概　念	「選択科目」における専門の技術分野の業務に必要で幅広く適用される原理等に関わる汎用的な専門知識
出題内容	「選択科目」における重要なキーワードや新技術等に対する専門知識を問う。
評価項目	技術士に求められる資質能力（コンピテンシー）のうち、専門的学識、コミュニケーションの各項目

　　専門知識問題は、1枚（600字）解答問題を1問解答する形式になってお
り、出題問題数は4問です。出題されるのは、「選択科目」に関わる「重要
なキーワード」か「新技術等」になります。解答枚数が1枚という点から、
深い知識を身につける必要はありませんので、広く浅く勉強していく姿勢
を持ってもらえればと思います。

（ⅱ）選択科目（Ⅱ－2）

　　応用能力問題は、選択科目（Ⅱ－2）として出題されます。出題内容や
評価項目は図表1.9のようになっています。

図表1.9　応用能力問題の出題内容等

概　念	これまでに習得した知識や経験に基づき、与えられた条件に合わせて、問題や課題を正しく認識し、必要な分析を行い、業務遂行手順や業務上留意すべき点、工夫を要する点等について説明できる能力
出題内容	「選択科目」に関係する業務に関し、与えられた条件に合わせて、専門知識や実務経験に基づいて業務遂行手順が説明でき、業務上で留意すべき点や工夫を要する点等についての認識があるかどうかを問う。
評価項目	技術士に求められる資質能力（コンピテンシー）のうち、専門的学識、マネジメント、コミュニケーション、リーダーシップの各項目

　応用能力問題の解答枚数は600字詰解答用紙2枚で、出題問題数は2問となります。形式上は、2問出題された中から1問を選択する形式とはなっていますが、多くの受験者は、受験者の業務経験に近いほうの問題を選択せざるを得ないというのが実情です。そういった点では、さまざまな経験をしているベテラン技術者に有利な問題といえます。

　この問題は、先達が成功した手法をそのまま真似るマニュアル技術者には手がつけられない問題となりますが、技術者が踏むべき手順を理解して業務を的確に実施してきた技術者であれば、問題に取り上げられたテーマに関係なく、本質的な業務手順を説明するだけで得点が取れる問題といえます。そのため、あえて技術士第二次試験の受験勉強をするというよりは、技術者本来の仕事のあり方をしっかり理解していれば合格点がとれる内容の試験科目です。

(d) 選択科目 (Ⅲ)

　選択科目 (Ⅲ) は、先に説明したとおり、選択科目 (Ⅱ) と合わせて3時間30分の試験時間で行われます。選択科目 (Ⅲ) の出題内容は、『「選択科目」についての問題解決能力及び課題遂行能力』を試す問題とされており、出題内容や評価項目は図表1.10のようになっています。

図表1.10　選択科目 (Ⅲ) の出題内容等

概　念	社会的なニーズや技術の進歩に伴い、社会や技術における様々な状況から、複合的な問題や課題を把握し、社会的利益や技術的優位性などの多様な視点からの調査・分析を経て、問題解決のための課題とその遂行について論理的かつ合理的に説明できる能力
出題内容	社会的なニーズや技術の進歩に伴う様々な状況において生じているエンジニアリング問題を対象として、「選択科目」に関わる観点から課題の抽出を行い、多様な視点からの分析によって問題解決のための手法を提示して、その遂行方策について提示できるかを問う。
評価項目	技術士に求められる資質能力（コンピテンシー）のうち、専門的学識、問題解決、評価、コミュニケーションの各項目

　選択科目 (Ⅲ) の解答文字数は、600字詰解答用紙3枚ですので1,800字になります。2問出題された中から1問を選択して解答する問題形式です。　選択科

目（Ⅲ）では、技術における最新の状況に興味を持って雑誌や新聞等に目を通していれば、想定していた範囲の問題が出題されると考えます。

(2) 口頭試験の内容

令和元年度からの口頭試験は、図表1.11に示したとおりとなりました。特徴的なのは、図表1.6の「技術士に求められる資質能力（コンピテンシー）」に示された内容から、「専門的学識」と「問題解決」を除いた項目が試問事項とされている点です。なお、技術士試験の合否判定は、すべての試験で科目合格制が採用されていますので、4つの事項で合格レベルの解答をする必要があります。

図表1.11　口頭試験内容（総合技術監理部門以外）

大項目	試問事項	配点	試問時間
Ⅰ　技術士としての実務能力	①　コミュニケーション、リーダーシップ	30点	20分＋10分程度の延長可
	②　評価、マネジメント	30点	
Ⅱ　技術士としての適格性	③　技術者倫理	20点	
	④　継続研さん	20点	

技術士第二次試験では、受験申込書に記載した「業務内容の詳細」に関する試問がありますが、それは第Ⅰ項の「技術士としての実務能力」で試問がなされます。

一方、第Ⅱ項は「技術士としての適格性」で、「技術者倫理」と「継続研さん」に関する試問がなされます。

口頭試験で重要な要素となるのは「業務内容の詳細」です。ただし、この「業務内容の詳細」に関してはいくつか問題点があります。その第一は、かつて口頭試験前に提出していた「技術的体験論文」が3,600字以内で説明する論文であったのに対し、「業務内容の詳細」は720字以内と大幅に削減されている点です。少なくなったのであるからよいではないかという意見もあると思いますが、書いてみると、この文字数は内容を相手に伝えるには少なすぎるのです。「業務内容の詳細」は、口頭試験で最も重要視される資料ですので720字以内

の文章で評価される内容を記述するためには、それなりのテクニックが必要である点は理解しておいてください。

　しかも、「業務内容の詳細」は、受験者全員が受験申込書提出時に記載して提出するものとなっていますので、筆記試験前に合格への執念を持って書くことが難しいのが実態です。実際に多くの「業務内容の詳細」は、筆記試験で不合格になると誰にも読まれずに終わってしまいます。さらに、記述する時期がとても早いために、まだ十分に技術士第二次試験のポイントをつかめないままに申込書を作成している受験者も少なくはありません。

　注意しなければならない点として、「技術部門」や「選択科目」の選定ミスという判断がなされる場合があります。実際に、建設部門の受験者の中で、提出した「技術的体験論文」の内容が上下水道部門の内容であると判断された受験者が過去にはあったようですし、電気電子部門で電気設備の受験者が書いた「技術的体験論文」の内容が、発送配変電（現：電力・エネルギーシステム）の選択科目であると判断されたものもあったようです。そういった場合には、当然合格はできません。「業務内容の詳細」は受験申込書の提出時点で記述しますので、こういったミスマッチが今後も発生すると考えられます。特に令和元年度試験改正で選択科目の廃止・統合や内容の変更が行われていますので、「業務内容の詳細」と「選択科目の内容」を十分に検証する必要があります。万が一ミスマッチになると、せっかく筆記試験に合格しても技術士にはなれませんので、早期に技術士第二次試験の目的を理解して、「業務内容の詳細」の記述に取りかかってください。

（3）受験申込書の『業務内容の詳細』について

　受験申込書の業務経歴の部分では、まず受験資格を得るために、「科学技術に関する専門的応用能力を必要とする事項についての計画、研究、設計、分析、試験、評価又はこれらに関する指導の業務」を、規定された年数以上業務経歴の欄に記載しなければなりません。その際には、下線で示した単語（計画、研究、設計、分析、試験、評価）のどれかを業務名称の最後に示しておく必要があります。記述できる項目数も、現在の試験制度では5項目となっていますので、少ない項目数で受験資格年数以上の経歴にするために、業務内容の記述方

法に工夫が必要となります。しかも、その中から『業務内容の詳細』に示す業務経歴を選択して、『業務内容の詳細』に記述する内容と連携するように、業務内容のタイトルを決定する必要があります。『業務内容の詳細』を読む前に、このタイトルが大きな印象を試験委員に与えるからです。

『業務内容の詳細』は、基本的に自由記載の形式になっており、記述する内容は「当該業務での立場、役割、成果等」とされています。しかし、『成果等』というところがポイントで、実際に記述すべき内容としては、過去の技術的体験論文で求められていた内容から想定すると、次のような項目になると考えられます。

 ① 業務の概要

 ② あなたの立場と役割

 ③ 業務上の課題

 ④ 技術的な提案

 ⑤ 技術的成果

 もちろん、取り上げる業務によって記述内容の構成は変わってきますが、700字程度という少ない文字数を考慮すると、例として次のような記述構成が考えられます。しかし、これまでの技術的体験論文のように、①～⑤のようなタイトル行を設けるスペースはありませんので、いくつかの文章で各項目の内容を効率的に示す力が必要となります。

---

 ① 業務の概要（75字程度）

 ② あなたの立場と役割（75字程度）

 ③ 業務上の課題（200字程度）

 ④ 技術的な提案（200字程度）

 ⑤ 技術的成果（150字程度）

 この例を見ると、『業務内容の詳細』を記述するのはそんなに簡単ではないというのがわかります。自分が実務経験証明書に記述した業務経歴の中から1業務を選択して、『業務内容の詳細』を700字程度で示すというのは、結構大変

な作業です。欲張ると書ききれませんし、業務の概要説明などが長くなると、高度な専門的応用能力を発揮したという技術的な提案や、技術的成果の部分が十分にアピールできなくなります。そういった点で、受験申込書の作成には時間がかかると考える必要があります。一度提出すると受験申込書の差し替えなどはできませんので、口頭試験で失敗しないためには、ここで細心の注意を払って対策をしておかなければなりません。

第2章

選択科目（Ⅱ－1）の要点と対策

　選択科目（Ⅱ－1）の出題概念は、令和元年度試験からは、『「選択科目」における専門の技術分野の業務に必要で幅広く適用される原理等に関わる汎用的な専門知識』となりました。一方、出題内容としては、平成30年度試験までと同様に、『「選択科目」における重要なキーワードや新技術等に対する専門知識を問う。』とされています。そのため、平成30年度試験までに出題されている問題は、選択科目（Ⅱ－1）を勉強するうえで有効であると考えます。

　評価項目としては、『技術士に求められる資質能力（コンピテンシー）のうち、専門的学識、コミュニケーションの各項目』となっています。

　なお、本章で示す問題文末尾の（　）内に示した内容は、R1－1が令和元年度試験の問題の1番を示し、Hは平成を示しています。また、（練習）は著者が作成した練習問題を示します。

1. 機 械 設 計

機械設計の選択科目の内容は次のとおりです。

設計工学、機械総合、機械要素、設計情報管理、CAD（コンピュータ
支援設計）・CAE（コンピュータ援用工学）、PLM（製品ライフサイクル
管理）その他の機械設計に関する事項

「機械設計」で出題されている問題は、設計工学、機械要素、設計情報管理
に大別されます。なお、解答する答案用紙枚数は1枚（600字以内）です。

(1) 設計工学

○　品質工学（田口メソッドを含む）の基本的な考え方とパラメータ設計
　　（ロバスト設計）について説明せよ。　　　　　　　　　　　　　　(R1−1)

○　日本産業規格（旧：日本工業規格）の製図に関する規格に述べられてい
　　るサイズ公差と幾何公差について、その違いを説明せよ。　　(R1−2)

○　フェイルセーフ（fail safe）設計について、具体的な適用例を示して、
　　その考え方と留意点を述べよ。　　　　　　　　　　　　　　(R1−3)

○　「設計審査（design review）」、「設計検証（design verification）」、「設
　　計の妥当性確認（design validation）」の違いが分かるようにそれぞれを
　　説明せよ。　　　　　　　　　　　　　　　　　　　　　　　(R1−4)

○　多品種少量化が進むなか、適切な標準化を行い設計・生産の効率化を図
　　ることが重要である。あなたの専門とする製品分野・技術分野において標
　　準化の推進方法について述べ、標準化を推進する際の阻害要因と、その解
　　決方法について説明せよ。　　　　　　　　　　　　　　　(H30−1)

○　FMEA（failure mode and effect analysis）とFTA（fault tree analysis）

について、それぞれの特徴を示し、その違いを比較せよ。また、機械設計に適用する際の留意点について説明せよ。 (H30－2)

○ アルミニウム合金を製品に利用する場合、軽量以外の重要な特徴を挙げて、その効果と留意点を具体的に説明せよ。 (H30－4)

○ VE（Value Engineering）の定義を述べるとともに、3つの実施手順を具体的に説明せよ。 (H29－1)

○ ISO 12100（JIS B 9700）は機械安全設計のためのリスクアセスメント及びリスク低減について述べている。リスク低減に対する、3ステップメソッドの手順を具体的に説明せよ。 (H29－2)

○ プラスチックは熱可塑性と熱硬化性に大別される。このうち熱可塑性プラスチックを製品に利用する場合、重要な効果を3つ挙げ、設計時の留意点を具体的に説明せよ。 (H29－3)

○ 「ISO 9001　7.3設計開発プロセス」においては、設計品質確保のため、「設計検証」に加え「設計の妥当性確認」を実施することと述べられている。それぞれの違いについて述べよ。 (H28－1)

○ 機械や設備の故障率は時間とともに変わる。時間と故障率の関係を故障曲線と呼ぶ。故障率の定義を述べ、故障曲線の特徴を述べよ。

(H28－2)

○ コンカレント・エンジニアリング・デザイン（同時進行設計）について説明し、その期待効果について述べよ。 (H28－4)

○ 効率的な設計審査会（DR；デザインレビュー）を主催し運営するためには、事前に準備すべきドキュメント類、DR開催中での留意事項、並びにDR終了後のフォロー事項など様々な工夫が必要である。これらの工夫点のうち、あなたが重要と考えるポイントを3つ挙げ、その具体的内容について述べよ。 (H27－2)

○ 近年の急激な高齢化・グローバル化に伴い、国内外での法令化や規格化が進み、製品にユニバーサルデザインを配慮した製品が望まれてきた。一般にユニバーサルデザインでは7つの原則が知られている。そのうち3つの原則を挙げ、各々についてどのような配慮がなされているかを具体的な製品を挙げて述べよ。 (H27－4)

○　田口メソッドとも呼ばれる品質工学を用いたロバストデザインについて、その概要と具体的な実施手順において、重要な点を3つ挙げ、製品開発に活用する場合の期待効果を2つ述べよ。　　　　　　　　　　（H26－2）

○　DRBFM（Design Review Based Failure Mode Analysis）について、その概要と実施方法において、重要な点を3つ挙げ、製品開発に活用するときの期待効果を2つ述べよ。　　　　　　　　　　　　　　（H26－3）

○　機械に潜在する危険源あるいは作業者の不注意・操作ミス等に起因する事故が起こらないように、あるいは事故が起きても被害が最小になるような『機械の安全設計』に対する基本的考え方を3つ挙げ、そのうちの2つについて具体例を挙げて説明せよ。　　　　　　　　　　　　（H26－4）

○　FTA（Fault Tree Analysis）の概要と実施方法を説明し、製品開発に活用する場合の期待効果を述べよ。　　　　　　　　　　（H25－2）

○　RP（Rapid Prototyping）の方式を3つ説明し、製品開発に活用する場合の期待効果を述べよ。　　　　　　　　　　　　　　（H25－3）

○　QFD（Quality Function Deployment）の概要と実施方法を説明し、製品開発に活用する場合の期待効果を述べよ。　　　　　　（H25－4）

○　信頼性設計の概要を説明し、製品開発に活用する場合にあなたが重要と考えるポイントを3つ挙げ、その具体的内容について述べよ。　（練習）

○　上流設計の重要性について概要を説明し、配慮すべき項目を3つ挙げ、その留意点について述べよ。　　　　　　　　　　　　　　（練習）

○　ライフサイクル設計とはどのようなものか概要を説明し、実施する場合に配慮すべき項目を3つ挙げ、その具体的内容について述べよ。（練習）

○　協調設計について概要を説明し、実施する場合に配慮すべき項目を3つ挙げ、その具体的内容について述べよ。　　　　　　　　　（練習）

○　フールプルーフ（fool proof）設計について、具体的な適用例を示して、その考え方と留意点を述べよ。　　　　　　　　　　　　（練習）

○　冗長性設計について、具体的な適用例を示して、その考え方と留意点を述べよ。　　　　　　　　　　　　　　　　　　　　　　（練習）

○　リサイクル設計を実施する場合に配慮すべき項目を3つ挙げ、その具体的内容について述べよ。　　　　　　　　　　　　　　　（練習）

○ シミュレーションを用いて製品の設計を実施する場合に配慮すべき項目を3つ挙げ、その具体的内容について述べよ。 （練習）

　機械設計でこれまでに出題された問題を分析してみると、設計工学の項目に集中していることがわかります。平成25年度試験から平成29年度試験までは設計工学の項目から2つを出題し、それ以外の項目から毎年1問を出題しているという傾向が読み取れます。それが、平成30年度試験では4問中3問、令和元年度試験では4問中4問が設計工学の問題でした。

　また、前回の試験制度の改正は平成25年度試験でしたがそのときの設問内容は、単純な技術項目であったのが、この6年間の試験ではより実務に近い設問内容になっていました。この出題傾向は、本年度の試験制度改正でも同じでした。そのため、今後も同様の問題が出題されると予想します。

　例年一番多く出題されている設計工学では、年度で毎年異なる事項の設問がされています。設計の個別方法論から設計の基本的な考え方まで、広範囲にわたる事項から出題されています。この項目から毎年2問題程度が出題されていましたので、受験者が専門とする事項のうち、普段の実務で行っている内容を整理しておけば解答できるものと考えます。

　なお、近年の設計手法としてDfXに代表されるような、環境適合設計（エコデザイン）、ライフサイクル設計、信頼性設計、最適設計、バリアフリー設計は、意識して対応する必要があります。

(2) 機械要素

○ 回転軸の支持機構に転がり軸受を用いた場合に、軸受寿命に影響を与える要因を2つ挙げ、設計において留意すべき点について説明せよ。

（H30－3）

○ 回転軸を支持する機械要素には大きく分けて、流体膜による滑り軸受と転動体を用いた転がり軸受がある。この2つの長所と短所を説明し、機械設計における使い分け方法を述べよ。 （H28－3）

○ 機械システムは、全体として見ると複雑そうであっても、細かく見ると単純な部品から構成されている。機械システムに使われている部品のうち、

　特定の機械用ではなく広く共通に用いられているものを機械要素という。例えば、流体を導いたり、流体を用いて信号を送ったりする機械要素は流体伝達要素と呼ばれる。その具体例としては配管継手が挙げられる。機械要素を他に3つ挙げ、各々についてその機能や目的を具体例とともに述べよ。　　　　　　　　　　　　　　　　　　　　　　　　　　　　　　　（H27－1）

○　機械システムは、数多くの部品の製作にはじまり、最終的にはこれらの部品を組み立てて目的とする機能を発揮する機械に仕上げることになる。機械システムを構成する部品を組み立てて固定する部品は、最も基本的な機械要素となる。部品を締結するための機械要素を3つ挙げ、各々についてその機能や目的を具体例とともに述べよ。　　　　　　　　　　　　（練習）

○　機械や装置は、沢山の部品で構成されている。これらの部品は、日本産業規格（JIS）によって形状や寸法などの詳細が決まっているものが多く、市場から容易に調達が可能である。JIS規格にある機械要素を3つ選びその機能や使用目的を製品に活用する場合の具体例とともに述べよ。（練習）

○　機械装置を駆動するときの動力源としては、多くの場合にモータあるいはエンジンが使用されている。動力源から機械装置の仕事あるいは作業部位に回転運動を伝達するための機械要素を3つ挙げ、各々についてその機能と特徴を具体例とともに述べよ。　　　　　　　　　　　　　　　（練習）

○　ねじは、機械や機械装置を構成する部品を組み立てる際に多く採用されている基本的な機械要素である。ねじの中から3種類を選び、それらの機能と特徴について具体例とともに述べよ。　　　　　　　　　　　（練習）

○　回転体から軸に、あるいは軸から回転体に動力を伝達するためにキーが使用されている。動力伝達に用いられているキーの種類を3つ挙げ、各々についてその概要を説明し、設計する場合の留意点について述べよ。

　　　　　　　　　　　　　　　　　　　　　　　　　　　　　　　（練習）

○　軸継手の種類を3つ挙げてそれぞれの概要を説明し、設計するときの留意点について述べよ。　　　　　　　　　　　　　　　　　　　　（練習）

○　回転運動を伝達する機械要素として歯車があるが、伝達方法からいくつかの種類の歯車が用いられている。歯車の中から2種類を選び、それらの機能と特徴について具体例とともに述べよ。　　　　　　　　　　（練習）

　機械要素で出題された事項は、特定の機械要素が示されてなく受験者が選択して解答するものと、軸受に関するものが2回でした。そのため、機械要素では受験者が業務に関連したものを中心に、基本的なものをいくつか勉強しておけばよいと考えます。

　主な機械要素としては、部品締結用の機械要素（ネジ、ピン、キー）、軸に関連する機械要素（軸、軸受、軸継手）、動力伝達用の機械要素（歯車、ベルト、チェーン）、流体を伝達する機械要素（管、管継手、弁）があります。

　受験者が専門とする機械製品・装置に実際に使用されている機械要素について、基本的な設計方法とその具体例とを合わせて勉強しておいてください。スケッチ図により説明できれば、より効果的に答案が作成できますので、具体的な使用例は図で表現できるように勉強してください。

(3) 設計情報管理

○　機械設計に用いられるコンピュータシミュレーションにおける検証（Verification）と妥当性確認（Validation）（V＆V）の定義を述べるとともに、実施方法を具体的に説明せよ。　　　　　　　　　　（H29－4）

○　PLM（Product Lifecycle Management）について説明し、機械設計の立場から構想段階、設計段階、生産から保守までのそれぞれの段階でPLMを活用する場合の留意点を1つずつ挙げ、その具体的内容について述べよ。
　　　　　　　　　　　　　　　　　　　　　　　　　　　　　　（H27－3）

○　三次元CAD（Computer Aided Design）の特徴を二次元CADと比較しながら3つ挙げ、さらに三次元CADの問題点として考えられることを2つ述べよ。　　　　　　　　　　　　　　　　　　　　　　　　　　（H26－1）

○　CAE（Computer Aided Engineering）について説明し、機械設計工程に活用する場合の留意点を述べよ。　　　　　　　　　　　　　（H25－1）

○　設計標準化を実施する際にあなたが重要と考える項目を3つ挙げ、それぞれの目的と効果について具体例とともに述べよ。　　　　　　　（練習）

○　リスクベース設計の概要を説明し、製品開発に活用する場合にあなたが重要と考える項目を3つ挙げ、その具体的内容について述べよ。　（練習）

○　ナレッジマネジメントの概要と実施方法を説明し、製品開発に活用する

場合にあなたが重要と考える項目を3つ挙げ、その具体的内容について述べよ。　　　　　　　　　　　　　　　　　　　　　　　　　　　　（練習）

○　エキスパートシステムとは何かの概要を説明し、製品開発に活用する場合にあなたが重要と考える項目を3つ挙げ、その具体的内容について述べよ。　　　　　　　　　　　　　　　　　　　　　　　　　　　　（練習）

○　公理的設計について説明し、その役割と実施する場合に考慮すべき項目とその留意点を述べよ。　　　　　　　　　　　　　　　　　　　（練習）

○　サプライチェーンマネジメントの概要と実施方法を説明し、製品開発に活用する場合の期待効果を述べよ。　　　　　　　　　　　　　　　（練習）

○　設計を実施する際には、過去の失敗を学んで結果を予測することが重要であるが、失敗例を1つ挙げて、それを回避するために実施する項目及び留意点を述べよ。　　　　　　　　　　　　　　　　　　　　　　　（練習）

CAD・CAEで出題された問題は、これら技術項目の基本的な事項でした。近年では、コンピュータの性能の向上に伴って、3Dモデリング手法を中心としたデジタル設計として統合されつつあるようです。そのため、3Dモデリング設計について勉強しておく必要があります。

平成27年度試験でPLM（Product Lifecycle Management）の問題が出題されましたが、令和元年度の試験制度改正では、選択科目の内容としてPLMが加わったことから、今後も出題されると考えます。また、関連する事項としてPDM（Product Data Management）、ナレッジマネジメント、エキスパートシステムなども勉強しておきましょう。

加えて、失敗やリスクに基づいた設計手法や、設計情報管理に関連するシステム設計やコンカレント設計の手法についても勉強しておきましょう。

答案を作成する際に参考となる図書ですが、選択科目「機械設計」の場合には、次の2冊を推奨します。

【機械工学便覧】【β編：デザイン編】β1　設計工学

【機械工学便覧】【β編：デザイン編】β7　生産システム工学（注記参照）

（注記）令和元年度試験から選択科目の内容にPLMが追加されましたが、この分冊に記載されています。

2. 材料強度・信頼性

材料強度・信頼性の選択科目の内容は次のとおりです。

> 材料力学、破壊力学、構造解析・設計、機械材料、表面工学・トライボロジー、安全性・信頼性工学その他の材料強度・信頼性に関する事項

「材料強度・信頼性」は、旧選択科目「材料力学」を継承しており、そこで出題されている問題は、材料力学・破壊力学、構造解析・設計、機械材料、検査・測定に大別されます。なお、解答する答案用紙枚数は1枚（600字以内）です。

(1) 材料力学・破壊力学

○ 複雑な構造物の力学的挙動を予測する手法を2つ挙げ、それぞれの特徴と留意点を述べよ。 (R1−1)

○ 金属製部品の疲労強度を向上するために利用される表面処理方法を2つ挙げ、それぞれについて具体的な方法を説明し、原理及び特徴について述べよ。 (R1−3)

○ 金属材料の破面形態を2つ挙げ、それぞれの特徴とそれが形成されるメカニズムを述べよ。 (H29−2)

○ 工業製品では残留応力が無視できない場合がある。残留応力が発生する事例を3つ挙げ、そのうち1つの事例について発生原因、測定法、制御方法と対策をそれぞれ述べよ。 (H28−1)

○ 金属の疲労強度に影響を及ぼす諸因子について、主要なものを3つ挙げ、概要を述べよ。 (H27−4)

○ 応力拡大係数について概要を示し、破壊事故の解析にどのように適用す

るのか、具体例を挙げて説明せよ。　　　　　　　　　　　　　　（H26－4）

○　以下に示す4項目の機械・構造物の破壊・損傷形態（Ⅱ－1－1～Ⅱ－
　1－4）から2つを選び、それらの概要を述べた後、その破壊・損傷を防止
　するために取る強度設計上の方策について、具体的な例を挙げて説明せよ。
　（項目ごとに答案用紙を替えて解答項目番号を明記し、それぞれ1枚以内に
　まとめよ。）　　　　　　　　　　　　　　　　　　　　　　　（H25）

　　Ⅱ－1－1　　延性破壊

　　Ⅱ－1－2　　脆性破壊

　　Ⅱ－1－3　　疲労破壊

　　Ⅱ－1－4　　クリープ、クリープ疲労

○　疲労破壊と脆性破壊について概要を示し、両者を比較しながらこれらの
　特徴を述べよ。　　　　　　　　　　　　　　　　　　　　　　（練習）

○　応力腐食割れの概要を述べた後、その破壊・損傷を防止するために取る
　強度設計上の方策について、具体的な例を挙げて説明せよ。　　（練習）

○　薄肉円筒胴の座屈破壊について、その概要を述べた後、その破壊・損傷
　を防止するための強度設計上の方策について、具体的な例を挙げて説明せ
　よ。　　　　　　　　　　　　　　　　　　　　　　　　　　　（練習）

○　破壊事故に解析技術を用いる場合に考慮すべき項目とその概要を、その
　手順に従って説明せよ。　　　　　　　　　　　　　　　　　　（練習）

○　エネルギー解放率についての概要を示し、破壊力学の解析にどのように
　適用するのか具体例を挙げて説明せよ。　　　　　　　　　　　（練習）

○　ひずみエネルギーの算出方法について示し、破壊力学の解析にどのよう
　に適用するのかを具体例を挙げて説明せよ。　　　　　　　　　（練習）

○　応力拡大係数について示し、破壊力学の解析にどのように適用するのか
　具体例を挙げて説明せよ。　　　　　　　　　　　　　　　　　（練習）

○　真応力–真ひずみ線図について、単純な引張試験における応力–ひずみ
　線図と比較し、その特徴を図に示して説明せよ。　　　　　　　（練習）

　平成30年度試験までの旧材料力学でこれまでに出題されている問題を分析し
てみると、材料力学・破壊力学の項目が最も多く出題されています。試験制度

改正となった令和元年度試験でも2問題が出題されています。

　なお、前回に試験制度が改正された平成25年度試験では、材料力学・破壊力学から4問が出題されていました。そのため、材料力学と破壊力学の項目は、毎年出題されるものとして勉強しておく必要があります。

　また、前回の試験制度が変わった平成25年度試験から今回の改正があった令和元年度試験までの設問内容を見てみると、技術項目の概要を説明させてから、具体的な適用例や応用例、実際に行う場合の方法（方策）・注意点・考慮すべき項目、技術の特徴などを述べよとなっています。設問が、より実務に近い内容について問うているのがわかります。そのため、技術項目の基礎知識を知っているだけでは解答できない設問になっています。

　なお、今までに出題された技術項目は、選択科目を材料強度・信頼性とした受験者にとっては、すべて基本的なものばかりです。そのため、受験者が業務に関連したものを中心として、基本的な技術項目を勉強しておけばよいと思います。ただし、技術項目の説明においては、教科書的な知識のみでは不十分となりますので、具体例を含めて実務で実施した場合にはどうするのかを考えて、整理しておく必要があります。

　基本的な技術項目としては、過去に出題されたものに加えて上記の練習問題で示したものがあります。過去問題が再度出題される可能性もありますので、上記の過去問題と練習問題で示した技術項目について整理しておいてください。

(2) 構造解析・設計

○　金属材料の延性脆性遷移温度とそれを評価するための試験方法を説明し、
　　設計時の留意点を述べよ。　　　　　　　　　　　　　　　　（R1－4）

○　等方性の弾性体でできた片持ばりを曲げるよう、自由端に所定の集中荷
　　重が作用している。この材料を用い、発生する最大たわみと応力について
　　仕様値を満たしながら、軽量化を図る方策を2つ挙げ、その具体的な内容
　　を述べよ。ただし、片持ちばりの長さや支持条件は変えないとする。

　　　　　　　　　　　　　　　　　　　　　　　　　　　　　　（H30－2）

○　工業製品のライフサイクルを述べ、ある製品を想定して材料力学の視点
　　からライフサイクルを通しての留意点を述べよ。　　　　　（H29－1）

○　ひずみ速度依存性についてその概要を材料力学的視点から説明し、機械構造物を設計・製造する際の留意点を述べよ。　　　　　　（H29−3）

○　ボルトや溶接などに代表される締結部について、材料強度上注意すべき事項を3つ挙げ、そのうち1つの事項について信頼性を確保するために必要な方法を述べよ。　　　　　　　　　　　　　　　　　　（H28−2）

○　応力集中についてその概要を説明し、機械・構造物の強度におよぼす影響と設計・製造上の留意点を述べよ。　　　　　　　　　　　（H28−3）

○　熱応力が発生する原因と影響因子を述べよ。また、熱応力について強度設計上、注意すべきことを述べよ。　　　　　　　　　　　　（H28−4）

○　機械構造物の強度設計における安全係数（又は安全率）について、使用する理由とともに、値を設定する上で考慮すべき項目について述べよ。

（H27−3）

○　ミーゼスとトレスカの降伏条件について概要を示し、両者を比較しながらこれらの特徴を述べよ。　　　　　　　　　　　　　　　　（H26−3）

○　金属部材の高温クリープ設計について、具体例を挙げて実施する場合の留意点を説明せよ。　　　　　　　　　　　　　　　　　　　（練習）

○　機械構造強度設計において考慮すべき事項として寸法効果があるが、その概要を述べた後、その留意点について、具体的な例を挙げて説明せよ。

（練習）

○　部材の設計において温度が変化する部位が存在する場合、安全性を確保する観点からどのような留意点があるか、その項目と概要を述べよ。

（練習）

○　腐食環境における製品の強度設計について、具体例を挙げて実施する場合の留意点を説明せよ。　　　　　　　　　　　　　　　　　（練習）

○　製品の部材に残留応力が負荷されている場合における機器の設計において、考慮すべき事項を挙げて、その留意点について具体的に説明せよ。

（練習）

○　S−N曲線と疲労限界の概要を示し、疲労設計を実施する場合の設計手順について説明せよ。　　　　　　　　　　　　　　　　　　（練習）

○　構造解析・設計の観点からの信頼性設計技術を実施する場合に考慮すべ

き項目とその概要を説明せよ。　　　　　　　　　　　　　　（練習）

○　部材に衝撃荷重が作用する可能性がある場合において、損傷を防止する
　ための強度設計上の方策について、具体的な例を挙げて説明せよ。

　　　　　　　　　　　　　　　　　　　　　　　　　　　　　（練習）

　平成30年度試験までの旧材料力学でこれまでに出題されている問題を分析し
てみると、一番多かった材料力学・破壊力学に次いで、構造解析・設計が二番
手でこの2項目に集中しているのがわかります。試験制度が改正された令和元
年度試験でも1問題が出題されています。そのため、構造解析・設計の項目に
ついても毎年出題されるものとして勉強しておく必要があります。

　また、材料力学・破壊力学で述べたように、設問内容は、技術項目の概要を
説明させてから、具体的な適用例や応用例、実際に行う場合の方法（方策）・
注意点・考慮すべき項目、技術の特徴などを述べよとなっていて、より実務に
近い内容が問われていることがわかります。そのため、技術項目の基礎知識を
知っているだけでは解答できない設問になっています。この設問内容は、次に
示す「機械材料」と「検査・測定」にも当てはまりますので、機械設計の選択
科目の特徴であるといえます。

　なお、出題された技術項目は、すべて基本的なものばかりですので、受験者
が業務に関連したものを中心として、基本的な技術項目を勉強しておけばよい
と思います。ただし、教科書的な知識のみでは不十分であり、具体例を含めて
実務で実施した場合にはどうするのかを考えて、整理しておく必要があります。
これも機械設計の選択科目としての特徴であるといえます。上記の過去問題と
練習問題で示した技術項目について勉強しておいてください。

（3）機械材料

○　炭素繊維強化プラスチック積層板について、材料強度の観点から留意す
　べき点を2つ挙げ、その内容とともに対処方法を説明せよ。　　（R1－2）

○　金属材料の代表的な熱処理法を2つ挙げ、それぞれの具体的な方法と機
　械的特性に及ぼす影響について述べよ。　　　　　　　　　　（H30－1）

○　金属材料の代表的な熱処理法を3つ挙げ、そのうちの1つについて、具

体的な方法及び効果について述べよ。　　　　　　　　　　　（H27−2）

○　ラーソンミラーパラメータの概要を説明し、具体的な適用例や応用例について述べよ。　　　　　　　　　　　　　　　　　　　　　　（H26−2）

○　機械材料の選定の場合に考慮すべき項目について代表的なものを3つ挙げ、それぞれの具体的な方法と製品に及ぼす影響について述べよ。

（練習）

○　材料の変形におけるバウシンガ効果について概要を示し、これに基づいた具体例を挙げて説明せよ。　　　　　　　　　　　　　　　　（練習）

○　鋼の疲労強度に及ぼす諸因子の影響について具体例を挙げて説明せよ。

（練習）

○　金属部材の高温クリープ強度に及ぼす諸因子の影響について具体例を挙げて説明せよ。　　　　　　　　　　　　　　　　　　　　　　（練習）

○　部材が異なる材料を組み合わせて使用する場合に、適切な強度・寿命評価を行って安全性を確保するための留意点を説明せよ。　　　　（練習）

　機械材料の項目の出題年度を見ると年度が分散しており、毎年出題されているわけではありません。そのため、材料力学・破壊力学と構造解析・設計の項目を主体に出題して、それ以外の機械材料と検査・測定の項目からときどき出題するという傾向が読み取れます。

　上記の過去問題と練習問題で示した技術項目について勉強しておいてください。

（4）検査・測定

○　機械や構造物の強度に影響を及ぼす欠陥の種類を2つ挙げ、それぞれに対応した非破壊検査方法と特徴を述べよ。　　　　　　　　　（H30−3）

○　ひずみの測定について異なる原理に基づく手法を2つ挙げ、それぞれの測定原理と特徴を述べよ。　　　　　　　　　　　　　　　　（H30−4）

○　金属材料の衝撃試験を1つ挙げ、その試験法の特徴と、材料開発及び強度設計への活用法を述べよ。　　　　　　　　　　　　　　　（H29−4）

○　機械構造物を安全に継続使用するために行われる非破壊検査法を3つ挙

げ、そのうちの1つについて、原理を含めた概要、適用範囲及び効果について述べよ。 (H27－1)

○ 部材のひずみを測定する手法の概要を述べ、精度良く測定するための注意点を記せ。 (H26－1)

○ 金属材料の機械試験の方法として代表的なものを3つ挙げ、それぞれの具体的な方法と機械的特性に及ぼす影響について述べよ。 (練習)

○ 金属材料の非破壊検査の方法として代表的なものを4つ挙げ、それぞれの具体的な方法と検出可能な欠陥について述べよ。 (練習)

○ 金属材料の非破壊検査の方法として従来から実施されてきた古典的な手法に対して、近年はより効率化あるいは欠陥の検出精度を向上させる手法が開発されている。その具体例を1つ挙げ、従来の非破壊検査手法と比較して優位点について述べよ。 (練習)

○ 金属材料の長期使用後の劣化に関する検査方法を3つ挙げ、それらの手法と概要について具体例を挙げて説明せよ。 (練習)

　検査・測定の項目の出題年度を見ると年度が分散しており、毎年出題されているわけではありません。機械材料と同様に検査・測定の項目からときどき出題するという傾向が読み取れます。

　上記の過去問題と練習問題で示した技術項目について勉強しておいてください。

3. 機構ダイナミクス・制御

機構ダイナミクス・制御の選択科目の内容は次のとおりです。

　機械力学、制御工学、メカトロニクス、ロボット工学、交通・物流機械、
建設機械、情報・精密機器、計測機器その他の機構ダイナミクス・制御に
関する事項

　「機構ダイナミクス・制御」は、旧選択科目「機械力学・制御」、「交通・物
流機械及び建設機械」、「ロボット」、「情報・精密機器」が統合された形になっ
ており、それらで出題されている問題は、運動・振動、計測・制御、構造解析・
設計、ロボット、センサ、機構、その他に大別されます。なお、解答する答案
用紙枚数は1枚（600字以内）です。

　下記に示す問題末尾の（　）内の出題年度の前に付けた文字は、次の旧選択
科目の問題であることを示します。

　　機：機械力学・制御、交：交通・物流機械及び建設機械、

　　ロ：ロボット、情：情報・精密機器

(1) 運動・振動

○　オイルダンパの原理、特徴及び使用上の留意点について述べよ。

(R1－2)

○　機械・構造物が振動する際、系の非線形性に起因して非線形振動が発生
することが少なくない。この非線形振動について、以下の問いに答えよ。

(機H30－2)

(1) 振動系を非線形にする要因を2つ挙げ、その概要をそれぞれ述べよ。

(2) 非線形自由振動及び非線形強制振動の特徴を、線形振動の場合と比較

しながら、それぞれ1つ述べよ。

○　回転機械における軸又は軸受には各種の振動現象が現れることがある。これらの振動現象について、以下の問いに答えよ。　　　　　（機H30－3）

(1)　考えられる振動現象を2つ挙げ、発生要因を比較しながら、それぞれの特徴を述べよ。

(2)　(1)で挙げた振動現象から1つ選び、その測定方法並びに振動を抑制する対策を述べよ。

○　機械装置の振動発生からの騒音になるまでについて、振動発生の原因となる加振源の具体例を1つ挙げ、騒音になるまでのメカニズムを述べよ。

（交H30－4）

○　機械・機械構造物に自励振動と呼ばれる振動が発生することがある。

（機H29－2）

(1)　自励振動の発生要因と特徴を、1自由度系に発生する自励振動と、2自由度系に発生する自励振動を比較して述べよ。

(2)　自励振動の具体的な例を1つ挙げ、発生要因、生じる現象、抑制する対策を述べよ。

○　粘弾性材料と鋼板などの機械構造材料を積層した制振材料は、大きく非拘束型制振材料と拘束型制振材料の2種類に分類される。　（機H29－3）

(1)　非拘束型制振材料と拘束型制振材料の違いを、構造と制振メカニズムの観点から述べよ。

(2)　非拘束型制振材料や拘束型制振材料を用いて作製された平板の減衰効果を上げる際に留意すべき点を、それぞれの平板について述べよ。

○　振動を伴う音源が閉空間にある場合、伝搬経路に着目した騒音対策法を3つ挙げ、それぞれの特徴を述べよ。　　　　　　　　　　（交H29－2）

○　定格回転数で運転される回転機械の振動に関する異常診断を考える。ただし、ここでは具体的な回転機械を1つ想定して解答せよ。（機H28－2）

(1)　発生する振動現象が異なる異常原因を2つ挙げ、それぞれに対して発生する現象と発生メカニズムの概要を述べよ。

(2)　(1)で挙げた異常原因のうちの1つに対し、発生する振動現象の特徴をとらえるために適切と思われる測定方法と分析方法を述べよ。

○　比較的柔軟な架台に種々の回転数で運転されるモーターが設置されている。モーターを運転させると架台全体が振動するので、その振動を抑制するためにフィードバック制御系を設計することとした。　　（機H28−3）

(1)．フィードバック制御系の基本的な考え方を述べよ。

(2) この架台全体の振動を抑制する問題に対して、フィードバック制御系を適用する場合に留意すべき点を2点挙げて、それぞれについて述べよ。

○　情報・精密機器において共振が問題となるとき、その要因を3つ挙げ、それぞれの要因に対して具体的な対策法を示せ。　　（情H28−3）

○　ある機械を継続的に稼働させると振動が発生する。　　（機H27−1）

(1) この振動を実験的に計測・分析することを考えたとき、実験実施のために必要と考えられる、例えば計測センサー、計測装置、具体的な測定方法、具体的な分析方法などを述べよ。

(2) (1) の実験の実施において、留意すべき点とその対策を述べよ。

○　実際の機械・構造物においては、意図せずに部材間にガタが生じることがある。そして、その状態の機械・構造物に励振力が作用すると非線形振動が発生する。このガタに起因する非線形振動の特徴を、数値シミュレーションによって調査する場合について解答せよ。　　（機H27−3）

(1) 数値シミュレーションに用いる数学モデルを構築する際に注意すべき点を2点挙げて概要を述べよ。

(2) 構築された数学モデルを用いて、具体的に周期的な励振力が作用する場合について数値シミュレーションを実施する際に注意すべき点を2点挙げて概要を述べよ。

○　機械・機械構造物を地震などによる振動損傷から防ぐための技術には耐震技術、免震技術、制震技術が挙げられる。これらの技術について、以下の問いに答えよ。なお、必要に応じて図表等を用いて説明すること。

　　　　　　　　　　　　　　　　　　　　　　　　　　（機H25−3）

(1) 上に挙げた3つの技術について、各技術の基本的な考え方をそれぞれ述べよ。

(2) 2つの観点を挙げ、それぞれの観点からこれら3つの技術の優劣について例を挙げて述べよ。

○ 機械システムの振動を抑制する方法として、大きく分けて、受動的な制振法と能動的な制振法がある。両制振法を説明するとともに、両者間の得失を述べ、さらに実際の機械システムに搭載する上での留意点を説明せよ。

(情 H25 - 1)

　機構ダイナミクス・制御でこれまでに出題された問題を分析してみると、運動・振動に関するものが最も多く、計測・制御、ロボットに関するものも多く出題されています。分野が統合された令和元年度試験には、振動、制御、計測、機構に関する問題が出題されており、これらの技術項目を中心に出題されるものと考えられます。過去に出題された問題は、基本的な技術に関するものから、実用的な応用技術に至るまで多岐にわたっており、自分の得意分野から関連分野まで対象を広げて、対応する必要があるでしょう。

　振動の問題は、毎年必ず出題されています。過去の問題を分類すると、減衰機構、非線形振動、回転機械の軸振動、加振源、自励振動、制振材料、振動に伴う騒音、回転機械の異常診断、共振、連成振動など多くの事象が対象となっており、基本的な事項だけでなく適用例も考慮して、対応する必要があります。

(2) 計測・制御

○ 位置決めシステムに用いられる PID 制御について、概要及び定常偏差と応答性を踏まえた特性について述べよ。　　　　　　　　(R1 - 1)

○ 振動計測に用いられる代表的な振動検出器を2つ挙げ、それぞれの原理、特徴及び使用上の留意点について述べよ。　　　　　　　　(R1 - 3)

○ 制御方式は、その方式によりフィードバック制御とフィードフォワード制御に大きく分けることができる。このフィードバック制御とフィードフォワード制御について、以下の問いに答えよ。　　　　(機 H30 - 4)

(1) フィードバック制御とフィードフォワード制御の概要をそれぞれ述べよ。

(2) 制御問題の具体例を1つ挙げ、その問題にフィードバック制御とフィードフォワード制御をそれぞれ用いた場合、それぞれの制御特性の特徴と注意点を比較しながら述べよ。

○ 現実の制御問題では、十分なロバスト性を有する制御系を設計すること

が要求される。　　　　　　　　　　　　　　　　　　　　　（機 H29 - 4）

（1）制御系のロバスト性の意味と、制御系においてロバスト性を考慮することの重要性を述べよ。

（2）ロバスト性を有する制御系を設計する際に留意すべき点とその対策を述べよ。

○　情報・精密機器に用いられている高速運動と精密位置決めを繰り返す機構において、その位置決め精度向上のため考慮すべき主な要因を 2 つ挙げ、それぞれの要因の対策で採用候補となる機構や装置の特徴を説明せよ。

（情 H28 - 1）

○　制御において一般に広く用いられる伝達関数の極配置法について解答せよ。　　　　　　　　　　　　　　　　　　　　　　　　　　（機 H27 - 4）

（1）伝達関数における極とはどういうもので、どうして応答が収束したり発散したりするのか、その理由を述べよ。

（2）極配置法を用いる際に留意すべき点と、その対策を述べよ。

○　機械の動特性を表現する方法の例として、伝達関数、インパルス応答がある。なお、以下の各問いにおいては、簡単な 1 自由度振動系を取り上げて説明しても構わない。　　　　　　　　　　　　　　　（機 H26 - 4）

（1）伝達関数、インパルス応答とはどのようなものか、それぞれ説明せよ。

（2）伝達関数とインパルス応答の関係を「ラプラス変換」を用いて述べよ。

○　機械・機械構造物の振動特性を把握したいとき、FFT アナライザを用いて測定されたデータからその振動特性を評価することは有効な手段の 1 つである。ここでは対象物の加振力と応答加速度に関する伝達関数が計測されているとして、以下の問いに答えよ。なお、必要に応じて図表等を用いて説明すること。　　　　　　　　　　　　　　　（機 H25 - 2）

（1）計測された伝達関数から、系の固有振動数や減衰特性をどのように評価すればよいか、「共振点」、「共振ピーク」の語句を用いて述べよ。

（2）FFT アナライザを用いて伝達関数を収集する際に注意すべき点を 1 点挙げるとともに、その適切な対策を述べよ。

機械に求められる動作を適切に行わせるためには制御技術が欠かせません。

制御に関してこれまで出題された内容をみると、フィードバック制御やフィードフォワード制御の概要を説明するだけでなく、それぞれの制御を用いる場合の留意点に関しても説明を求める問題が出題されています。また、制御対象の特性変化に対するロバスト性に関しても問われています。その他には、PID制御の目的や制御パラメータに関しても問われています。それだけではなく、そういった制御を用いて解決すべき事項に関しても具体的な事例を挙げて説明させる形式の問題もありますし、制御するために必要なデータの計測方法や応答（インパルス応答や伝達関数）なども問われています。なお、後述するロボットの項目では、計測と制御が重要な課題となっていますので、その項目で出題されている内容も参考にして準備する必要があります。

（3）構造解析・設計

○　機械・構造物の動特性を把握するために実験モード解析がよく用いられるが、精度良く計測するためには窓関数（ウインド関数）の選択が重要となる。実験モード解析における窓関数について、以下の問いに答えよ。

（機 H30 － 1）

（1）インパルス応答による実験モード解析を行う際にどのような窓関数を用いるべきか、留意すべき点も含めてその理由を述べよ。

（2）（1）で挙げた窓関数以外の代表的な窓関数を2つ挙げ、それぞれの概要と特徴を述べよ。

○　機械・機械構造物の動特性を把握するために、実験モード解析がよく用いられるが、加振方法や供試体の支持方法の選択が重要となる。

（機 H29 － 1）

（1）代表的な加振方法を2つ挙げ、それぞれの長所を述べよ。

（2）供試体を自由支持して実験モード解析を行う際に留意すべき点とその対策を述べよ。

○　機械部品や構造物を構造解析するために利用される汎用の有限要素法ソフトウエアは強力なツールの1つである。（機 H28 － 4）

（1）有限要素解析法の概要とその原理を述べよ。

（2）実際に汎用のソフトウエアを使って構造解析する場合に留意すべき点

とその対策について述べよ。

○　構造物の設計における最適化について説明し、具体的な導入事例を挙げ、その特徴と効果について述べよ。　　　　　　　　　　　　（交 H26 − 1）

○　数値解析技術を用いた設計技術（CAE）の品質評価が課題となってきている。データの有効桁と数値解析における誤差を分類して説明し、さらに、それらの相関について述べよ。　　　　　　　　　　　　　（交 H26 − 3）

○　情報・精密機器はネットワークの利用によって、より便利で高性能な機器となる一方で、新たに考慮すべき課題も発生する。このような課題について挙げられるだけ挙げ、その対策も含めて解説せよ。　　　（情 H26 − 2）

　構造解析に関しては、これまで動特性や振動特性に対しての実験モード解析に関する問題がたびたび出題されているのに加え、有限要素法解析の概要に関しても出題されています。一方、設計に関しては、ユニバーサルデザインや環境設計などの設計の目的に対する具体的な方策などを問う問題や、設計の最適化やCAEを使った場合の品質評価などに関する問題も出題されています。さらには、最近のIoT技術の活用を見越して、ネットワークの利用についての問題も出題されています。これらの問題を参考に、構造解析・設計に関する技術事項を整理し、対応を考える必要があります。

（4）ロボット

○　ロボットを制御して所定の機能を実現するためには、ロボットの内界状態を精度よく検知し、認識するための内界センサが欠かせない。検出対象が異なる内界センサを3種類挙げ、それぞれの特徴（長所と短所）を述べよ。　　　　　　　　　　　　　　　　　　　　　　　　　（ロ H30 − 1）

○　ロボットのアーム構造は、基部からの3関節の配列により分類できるが、代表的なものを3つ挙げ、それぞれの特徴（長所と短所）を述べよ。
　　　　　　　　　　　　　　　　　　　　　　　　　　　　（ロ H30 − 2）

○　加工ロボットセルの導入目的、機能、及び適用技術の概要を述べよ。
　　　　　　　　　　　　　　　　　　　　　　　　　　　　（ロ H30 − 3）

○　産業用ロボットの制御について、制御系のハードウェア構成と、その中

で一般的に適用されているサーボ制御の概要を述べよ。　（ロH30－4）

○　移動ロボットの位置検出方式として、基本原理が異なるものを3種類挙げ、それぞれの特徴（長所と短所）を述べよ。　（ロH29－1）

○　多自由度マニピュレータの特異姿勢について、その特徴を述べ、特異姿勢に関して生じる問題を回避する方法を2つ挙げよ。　（ロH29－2）

○　ロボットの制御方式として、PTP制御方式、CP制御方式と呼ばれる2つの方法がある。それぞれの特徴（長所と短所）と適した用途について述べよ。　（ロH29－3）

○　ロボットが動作する際には、重力や他の自由度の動作に伴って生ずる力など、さまざまな外力が作用し運動特性が変化する。ロボットの駆動系において、このような力の影響を軽減又は補償する方法を2つ挙げ、それぞれの特徴（長所と短所）について述べよ。　（ロH29－4）

○　産業用ロボットではティーチング・プレイバック方式が広く用いられている。産業用ロボットのティーチングに採用されている方式を3つ以上挙げ、それぞれの特徴（長所と短所）を述べよ。　（ロH28－1）

○　搬送ロボットや災害対応ロボット等のように作業空間内を移動するロボットに用いられる移動機構を3種類以上挙げ、それぞれの特徴（長所と短所）を述べよ。　（ロH28－2）

　ロボットに関しては、ロボット制御や位置決め制御に関する問題が多く出題されていますが、その精度が要求を満たさない場合の対策や、特異姿勢を回避する方法などに関しても出題されています。また、ロボットのティーチングの方式やそれらの方式の特徴を問う問題も出題されています。ロボットに関しては、これまで産業用ロボットについて多くの出題がなされていましたが、今後はサービスロボットや家庭用ロボットなども普及してくるため、そういったロボットに関する基本的な事項についての出題が増えてくる可能性は高いと考えます。また、この選択科目では、交通・物流機械も選択科目の内容に含まれていますので、自動車や物流機械の自動化に関する問題も出題される可能性は否定できません。そういった点で、ロボットの概念を広く捉えて、勉強しておく必要があります。

(5) センサ

○ スマートフォンに使用されているセンサを2つ選択し、各々のセンサからの信号をソフトウェアで利用してどのような機能を実現しているか説明せよ。 (情H30−4)

○ アクチュエータ・センサなどに圧電素子を使用している例を挙げ、使用上注意すべき点を述べよ。 (情H26−4)

○ MEMS（Micro Electro Mechanical Systems）技術で実現されているマイクロセンサを1つ取り上げ、その測定原理を説明するとともに、そのマイクロセンサが実装されている機器を挙げ、その中でどのように使用されているか説明せよ。 (情H25−3)

計測やロボットの基本要素としてセンサがありますので、これまでにもセンサに関する問題がいくつか出題されています。具体的には、ロボットの位置検出に用いられるセンサや、移動ロボットの外部環境を認識するためのセンサに関する問題が出題されています。また、センサに用いられる物理現象についての問題も出題されていますので、センサに用いられている技術や製品に関する基礎知識や、センサの小型化や信頼性の向上に寄与する技術について勉強をしておく必要があります。平成26年度試験には圧電素子を用いたアクチュエータ・センサの出題がありましたが、センサの種類やタイプを分類して、特徴や適用先などを整理しておく必要があります。

(6) 機 構

○ 遊星歯車機構の原理、特徴及び入力と出力が同方向に回転する条件での各要素の動作について述べよ。 (R1−4)

○ 歯車は回転軸によって並行軸、交差軸及び食違い軸に分類される。各分類で代表的な歯車を挙げその特徴を述べよ。 (交H29−3)

○ プリンタ、ATM、ドキュメントスキャナなどに用いられる紙送り機構の主な技術課題を2つ挙げ、それぞれに対して解決策を説明せよ。

(情H27−4)

　機械の要素となる機構に関する問題もさまざまな視点で出題されています。具体的には、ロボットのアーム機構や移動機構などの問題や、情報機器の精密位置決め機構や紙送り機構などの問題が出題されています。また、動力の伝達機構として歯車やタイミングベルトに関する問題が出題されているだけではなく、減速機構や増速機構などについての問題も出題されています。そういった点で、ロボット、交通・物流機械、建設機械、情報機器などの多面的な視点で、機構に関する基本知識について目を通しておくとよいでしょう。

（7）その他

○　エンジンなど回転機器の稼働時間に伴う故障率の一般的な変化について、3つの期間に分けてそれぞれ故障の発生状況の特徴を述べよ。

（交H30－2）

○　エネルギーハーベスティングの概念について説明し、具体的な事例を3つ挙げ、各事例で使用されているデバイスについて解説せよ。

（情H30－1）

○　3Dプリンタの方式を1つ選択し、その方式の3Dプリンタを製造装置として利用するメリットとデメリットを述べ、実用例を1つ挙げて解説せよ。

（情H29－1）

○　機器の使用者マニュアルを作成するに当たって、情報・精密機器で特に注意すべき点を2つ選び、それぞれについて具体的に説明せよ。

（情H28－2）

○　情報・精密機器の長期間にわたる性能維持のための保守を困難にしている主な要因を2つ挙げ、それぞれの要因に対して具体的な対策法を示せ。

（情H28－4）

○　交通・物流機械及び建設機械において日々の点検で行っている目視点検や打音検査は、非破壊検査の代表的な手法である。目視点検と打音検査以外の非破壊検査法を3つ挙げ、欠陥の検出原理と特徴を述べよ。

（交H28－3）

　機構ダイナミクス・制御は、交通・物流及び建設機械、ロボット、情報・精密機器が統合されたこともあり、それらに関する周辺技術についての問題も出題されています。具体的には、機器の使用者に対するマニュアルについての問題、使用時の保守に関する問題や金属腐食の問題、経年的な故障率の変化に関する問題などが出題されています。また、IoTを働かせるためのエネルギー源としてのエネルギーハーベスティング技術や、製造装置としての3Dプリンタなどの問題も出題されています。こういった問題は出題範囲が想定できないため、知識がある問題が出題された場合にのみ選択して解答するという姿勢で、受験者が興味を持っている事項のみを勉強するとよいでしょう。

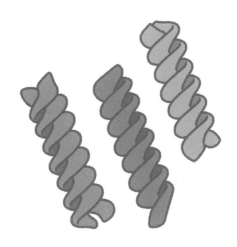

4. 熱・動力エネルギー機器

熱・動力エネルギー機器の選択科目の内容は次のとおりです。

> 熱工学（熱力学、伝熱工学、燃焼工学）、熱交換器、空調機器、冷凍機器、内燃機関、外燃機関、ボイラ、太陽光発電、燃料電池その他の熱・動力エネルギー機器に関する事項

「熱・動力エネルギー機器」は、旧選択科目「動力エネルギー」と「熱工学」が統合された形になっており、それらで出題されている問題は、伝熱工学、熱交換器、空調機器、冷凍機器、内燃機関、蒸気タービン、ガスタービン、再生可能エネルギー、燃料電池、蓄熱機器、計測、その他に大別されます。なお、解答する答案用紙枚数は1枚（600字以内）です。

下記に示す問題末尾の（　）内の出題年度の前に付けた文字は、次の旧選択科目の問題であることを示します。

　　動：動力エネルギー、熱：熱工学

（1）伝熱工学

○　物質の相変化とその際に授受される熱について説明し、相変化を利用したシステムの具体例を1つ挙げて解説せよ。　　　　　　　（熱H30 − 2）

○　伝熱の基本原理を利用したシステムを1つ挙げて、そのメカニズムとシステムをコンパクト化する方法について解説せよ。　　　　　（熱H30 − 3）

○　物体からの放射伝熱は多くの熱システムにおいて重要な役割を果たす。高温物体1から低温物体2への放射伝熱量 Q の求め方を説明せよ。また、放射伝熱が重要となる具体的な熱システム例を挙げ、その概要、特長、課題を述べよ。　　　　　　　　　　　　　　　　　　　　　（熱H29 − 2）

○ ふく射伝熱は伝熱3形態の1つである。ボイラー、各種の工業炉やソーラーコレクターなどにおいて重要な役割を果たす伝熱機構である。(1) ふく射伝熱のしくみについて述べよ。次に、ふく射に関する基本的な法則である、(2) ステファン・ボルツマンの法則と、(3) ウイーンの変位則についてそれぞれ説明せよ。　　　　　　　　　　　　　　　（熱H25－2）

○ 熱伝導は伝熱3形態の1つである。熱交換器などにおいて重要な役割を果たす伝熱機構である。(1) 熱伝導の基本的な法則であるフーリエの法則、(2) 重ねた平板の場合の伝熱の方程式、(3) 伝熱の促進方法について、それぞれ説明せよ。　　　　　　　　　　　　　　　　　　（練習）

○ 機器の省エネルギー技術として、伝熱促進や熱遮断の伝熱制御技術は極めて重要である。(1) 機器や製品の省エネルギーに利用されている伝熱促進と熱遮断技術の具体例をそれぞれ一例挙げよ。次に、(2) その具体的な構造を示すとともに、その効果の原理的メカニズムを説明せよ。（練習）

○ 対流伝熱は伝熱3形態の1つである。(1) 対流伝熱における自然対流と強制対流について説明せよ。次に、(2) それぞれの場合の熱伝達の相違と特徴について述べよ。　　　　　　　　　　　　　　　　　　（練習）

　平成30年度試験の熱工学で多く出題されていたのが伝熱工学の内容です。伝熱の基本的な3形態として、熱伝導、熱伝達（対流伝熱）、ふく射がありますが、これらの問題に加えて、相変化の問題が出題されています。ですから、これらの基本形態は確実に解答できるように勉強してください。加えて、伝熱形態の組合せ、例えば熱伝導と熱伝達による熱通過についての基本的な原理と計算式を勉強してください。また、伝熱促進や熱遮断の伝熱を制御する技術は、省エネルギー技術の基本になりますので、具体例を含めて整理しておいてください。

(2) 熱交換器

○ 高温媒体から蒸気を生成する伝熱管は多くの熱システムに採用されている。伝熱管における伝熱形態として熱伝導、対流熱伝達を考慮する場合、伝熱管での熱移動を示す図を記載し、高温媒体から蒸気への熱流束全体の

求め方を説明せよ。また、この伝熱管が使用される具体的な熱システム例を挙げ、その概要、特長、課題を述べよ。　　　　　　　　（熱H28－2）

○　伝熱性能を向上させるために拡大伝熱面を設ける場合があるが、これについて以下の問いに答えよ。　　　　　　　　　　　　　　　（熱H25－3）

(1) どのような場合に拡大伝熱面をもうけると効果的か。

(2) どのような構造の拡大伝熱面があるか。

(3) フィン効率について述べよ。

○　シェルアンドチューブ型熱交換器は、シェル側とチューブ側のいずれかの高温側流体から低温側の流体に温度を移動するものである。これについて以下の問いに答えよ。　　　　　　　　　　　　　　　　　（練習）

(1) 構造と用途に関する特徴を述べよ。

(2) 2つの流体が並行に流れる並流式と、2つの流体が反対に流れる向流式があるが、それぞれの場合の対数平均温度差について説明せよ。

○　熱交換器の設計では、経済的には必要とする伝熱面積を小さくする方が有利であるが、その場合は反面圧力損失が大きくなる。これについて以下の問いに答えよ。　　　　　　　　　　　　　　　　　　　　（練習）

(1) 圧力損失と必要伝熱面積の関係について説明せよ。

(2) どのような場合に圧力損失を上げて伝熱面積を小さくすると効果的か。

　熱交換器の問題は、平成25年度の試験問題改正以降は2問しか出題されていませんので、今後の試験においても多くは出題されないと思いますが、選択科目の内容として熱交換器が記載されていますので、出題される可能性があると考えて準備しておくべきと考えます。これまでに出題された内容に加えて、伝熱管による熱交換の基本的な原理や構造などを勉強しておいてください。また、熱交換器の種類やその構造を、具体例を含めて整理しておくことも有益です。

(3) 空調機器

○　ヒートポンプは、家庭用や事務所ビル用の空調設備に近年多用されている。ヒートポンプの機器構成と圧力P－エンタルピーh線図を示し、作動原理の概要を説明せよ。また、ヒートポンプの成績係数（COP）の定義と

現状の数値について述べよ。 (熱H28－3)

○　外気を熱源とするヒートポンプ式空気調和機について、以下の問いに答えよ。 (熱H26－2)

(1)　外気温度が低下すると、ヒートポンプの暖房能力が低下する。その理由について述べよ。

(2)　(1)の問題を機器としてどのように解決しているかについて述べよ。

(3)　外気の温度や湿度の条件によっては、室外の熱交換器表面に着霜が生じる。着霜による性能への影響と、その解決方法について述べよ。

○　空調では、空気側の性能を求めるのに、次に示す湿り空気線図をよく用いるが、これについて以下の問いに答えよ。 (熱H25－4)

(1)　X軸、Y軸、曲線Aについて述べよ。

(2)　点P1から点P2に湿り空気の状態が移動したとき、湿り空気がどのように変化するかを述べよ。

(3)　点P2からX軸に平行に伸ばした線と曲線Aの交点の点P3について述べよ。

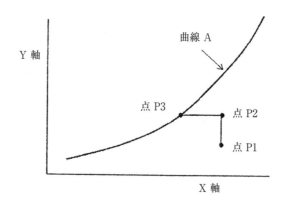

空調機器に関する問題は、最近は出題数が減っていますが、最近の省エネルギーや地球環境問題への関心の高まりから、エネルギー消費量の多い空調機についての設問が増える可能性は否定できません。そういった点から、空調機器の種類や省エネルギーを実現するための仕組み等についての知識は身につけておく必要があります。

(4) 冷凍機器

○ 冷凍機における成績係数（COP）について、その定義を説明せよ。また、代表的な冷凍機の種類を3種類挙げ、それぞれの機構、冷媒、COPの特徴を述べよ。　　　　　　　　　　　　　　　　　　　　　　　（R1－1）

○ 冷凍機と熱機関に関し、その類似点と差異点を述べた上で、冷凍機に特徴的な技術を1つ挙げて解説せよ。　　　　　　　　　（熱H30－4）

○ 冷凍機は、物体を冷やす装置であり、産業界で広く用いられている。代表的な冷凍機の種類とその冷媒を説明せよ。また、冷凍サイクルの1例について、冷媒の状態変化を説明するとともに、その特徴について述べよ。

（熱H29－4）

○ 蒸気圧縮冷凍サイクルについて、以下の問いに答えよ。（熱H27－2）

(1) 一段冷凍サイクルの機器の構成と$P-h$線図を示し、作動原理を説明せよ。

(2) 理論冷凍成績係数について説明し、現状の技術レベルの数値を述べよ。

(3) COP（Coefficient of performance）を向上させる方法について、最新の技術動向を含め述べよ。

○ 冷凍機に用いられる冷媒には幾つかの種類があるが、これについて以下の問いに答えよ。　　　　　　　　　　　　　　　　　　（練習）

(1) どのような冷媒を用いると効果的か。

(2) 冷媒の種類を3つ挙げよ。

(3) (2) で挙げた冷媒の特徴について述べよ。

　冷凍機器に関する出題は、最近では定番化されつつあるといえます。出題されている内容は、用語の説明や冷凍機の種類などの基本的な事項ですので、関係している受験者には容易に解答できる問題といえます。出題されている内容が限定されている点から、勉強するには効率的な項目ですので、一度しっかりと基本を勉強しておく価値のある項目と認識すべきと考えます。

(5) 内燃機関

○　直接噴射式圧縮点火機関における排出物対策技術に関し、燃焼技術及び後処理技術について主要な技術をそれぞれ1つ以上挙げて解説せよ。

（動H29－3）

○　往復動内燃機関の高効率化技術について、以下の問いに答えよ。

（動H27－3）

(1) ミラーサイクルは4サイクルのどの工程にどのような工夫をしたものかを説明せよ。まず、基本の4工程をオットーサイクルの$P-V$線図で説明し、次に、ミラーサイクルの$P-V$線図を描いて、高効率となる原理を説明すること。

(2) エンジンの排気エネルギーを発電に利用する技術を2種類挙げ、その概要・特徴を述べよ。

○　スターリングサイクルについて、以下の問いに答えよ。（熱H26－4）

(1) $P-V$線図、$T-S$線図を示し、作動原理を説明せよ。

(2) 理論熱効率について述べよ。

(3) スターリングサイクルの特徴を挙げ、適用例を複数挙げよ。

○　ガスエンジンの特徴をディーゼルエンジン、ガスタービンと比較して説明せよ。また、ガスエンジンの特徴を生かしたシステムとして考えられるものを簡潔に述べよ。

（動H25－4）

　内燃機関で出題されている内容は多岐にわたっていますが、出題されている内容はどれも基本的な事項ですので、業務で関係がある受験者にとっては、そんなに苦労することなく対応できる問題といえます。しかし、これまでは解答に図を示させる問題も多く出題されていますので、中途半端な知識だけでは対応できない問題といえます。そういった点で、最近はこの項目に接していない受験者は、しっかりと復習をして内容を確認しておく必要があります。

(6) 蒸気タービン

○　蒸気タービン内部で発生する不可逆変化による損失を3種類挙げて、それぞれについて発生原因と低減策を説明せよ。　　　　（動H30－2）

○　蒸気タービンは、用途によって復水タービン、背圧タービン、抽気ター
ビン、混圧タービンなどが使い分けられている。上記4種類のタービンに
ついて、それぞれの構成上の特徴と、どのような場合に使用されるかを説
明せよ。　　　　　　　　　　　　　　　　　　　　　　（動H29－2）

○　微粉炭焚ボイラは、火力発電プラントの構成機器や、発電以外の工業用
蒸気供給機器などとして利用されている。この微粉炭焚ボイラに関し、熱
損失法によるボイラ熱効率の算出に必要な項目について数式を挙げて説明
せよ。また、ボイラ熱効率を向上する方法を伝熱の観点から示せ。

（熱H29－1）

○　蒸気タービンの基本となるランキンサイクルについて、T－S線図上に
蒸気の飽和線と共に図示し、サイクルを構成する各プロセスの概要（プロ
セスが行われる機器、変化の種類、前後の状態等）を説明せよ。またサイ
クルの理論熱効率を表す式を示せ。　　　　　　　　　　（動H28－2）

○　微粉炭焚ボイラを用いた発電技術において、燃焼効率を算出するために
必要な項目とその算出方法を示し、燃焼効率を低下させる原因を説明せよ。
また、システム全体を運用するうえで環境に対して考慮すべき項目を説明
せよ。　　　　　　　　　　　　　　　　　　　　　　　（熱H28－1）

○　超臨界圧で作動するランキンサイクルについて温度T－エントロピーs線
図を示し、その作動原理を説明せよ。また、発電プラントで採用されてい
る再熱再生サイクルの概要と特長を述べよ。　　　　　　（熱H28－4）

○　地熱発電に用いられている代表的なタービン発電システムを2種類挙げ、
それぞれ概略の構成を図示し、どのような地熱源に適用されるかを含めて
特徴、課題を説明せよ。　　　　　　　　　　　　　　　（動H27－2）

○　火力発電所の蒸気タービンサイクルに用いられる再熱・再生サイクルに
ついて、ランキンサイクルと比較して概要、特徴を説明せよ。また、蒸気
タービンサイクルの理論熱効率を向上する方法について述べよ。

（動H26－1）

　蒸気タービンに関しては、次のガスタービンと合わせて定番問題として出題
されています。令和元年度試験では出題されていませんが、それはガスタービ

ンの出題があったからだと想定しています。今後は、蒸気タービンとガスタービンのどちらかの問題が出題されると推定しています。そのため、この項目の問題を選択したい受験者は、両者をセットにして勉強をする必要があると認識してもらいたいと考えます。これまでに出題されている問題の内容をみると、タービンの種類別の特徴や熱効率、損失などの基本的な事項が中心に出題されているのがわかります。

（7）ガスタービン

○　作動流体を理想気体としたブレイトンサイクルにおいて、タービン及びコンプレッサで等エントロピー変化と仮定した場合のサイクル熱効率を、圧力比と比熱比を用いて示せ。また、再熱ブレイトンサイクルの各過程を説明せよ。　　　　　　　　　　　　　　　　　　　　　　（R1－4）

○　再生ブレイトンサイクルの構成を概説し、熱効率を改善できる理由を述べるとともに、空気標準の再生ブレイトンサイクルの熱効率η_{th}を圧力比ϕ、最高温度比τを用いて示せ。　　　　　　　　　　　　　　（動H30－4）

○　ガスタービンの基本サイクルであるブレイトンサイクルの圧力p－比容積v線図、温度T－比エントロピーs線図を示すとともに、各過程を説明し、作動流体を理想気体として、タービン及びコンプレッサで等エントロピー変化を仮定するとき、圧力比と比熱比を用いて熱効率を示せ。

（動H29－4）

○　中間冷却ガスタービンサイクルで出力が増加する理由を説明し、中間冷却により燃料消費量はどのようになるかを説明せよ。　　（動H28－1）

○　ガスタービンの性能をサイクル的に向上させる方法として、再生サイクル、中間冷却サイクル、再熱サイクルがある。まず、単純サイクルのシステム構成図と温度（T）－エントロピー（S）線図を示し、次に、上述の各サイクルの最も簡単なシステム構成図とT－S線図を示し、単純サイクルと比較してのメリット・デメリットを述べよ。　　　　（動H27－1）

○　ガスタービンの単純サイクルについて、以下の問いに答えよ。

（動H26－2）

（1）システム構成図を示し、各構成要素の役割及び出力の考え方について

　　説明せよ。

　(2) 圧縮機とタービンの損失を考慮する場合について、T－S線図を示し、
　　上述の各要素がどの過程を表すのかを示し、このサイクルの熱効率を支
　　配する主要パラメータを4つ挙げよ。

○　ガスタービンコンバインドサイクルの熱効率を向上させるために有効な
　　方法について述べよ。　　　　　　　　　　　　　　　　　　（動H25－1）

　ガスタービンは、平成25年度の試験改正以後に欠かさず出題されている項目
です。しかし、先の蒸気タービンでも説明したとおり、蒸気タービンで問題が
出題された場合には、出題されなくなる可能性もありますので、タービン関係
の問題を選択する受験者は、両者をセットにして勉強し、どちらの問題でも解
答できるだけの知識を身につけておく必要があります。これまでに出題されて
いる問題の内容をみると、ガスタービンの構成やサイクルの熱効率や特徴など
の基本的な事項が中心に出題されているのがわかります。

(8) 再生可能エネルギー

○　太陽光発電システムの機器構成を示し、電源としての特徴を説明せよ。
　　また、更なる普及のための技術課題について述べよ。　　（動H30－3）

○　我が国のエネルギー需給構造を考慮して、再生可能エネルギーを導入す
　　る意義について多面的に述べよ。　　　　　　　　　　　　（動H28－3）

○　発電用として用いられる水車の形式を2種類挙げ、その構造、特性、特
　　徴を述べよ。　　　　　　　　　　　　　　　　　　　　　（動H27－4）

○　我が国は広い領海及び排他的経済水域を有しており、海洋での再生可能
　　エネルギーの活用が望まれる。その活用技術を4項目挙げ、それぞれの概
　　要を述べよ。また、海洋であることで留意すべき項目を述べよ。

　　　　　　　　　　　　　　　　　　　　　　　　　　　　　（動H26－3）

○　再生可能エネルギーの中から、日本において最も有望と考えられる1つ
　　を挙げて、その根拠と、動作原理及び今後の課題を含む特徴について簡潔
　　に述べよ。　　　　　　　　　　　　　　　　　　　　　　（動H25－3）

　再生可能エネルギーについては、これまで隔年程度の頻度で出題されています。出題されている内容としては、太陽光発電、水車など具体的な項目を挙げて出題されている問題と、再生可能エネルギーとして特に種類を特定することなく解答させる問題が出題されています。そういった点で、熱・動力に限定せずに、エネルギー源としての技術知識を身につけておく必要があります。再生可能エネルギーは、平成30年7月に公表された第五次エネルギー基本計画においても中核エネルギーとされていますので、さまざまな視点から問題が出題されると考えておく必要があります。

(9) 燃料電池

○　地球温暖化防止の観点から火力発電設備の高効率化が求められているが、石炭ガス化燃料電池複合発電（IGFC）について、設備構成及びそれらの役割、特徴、効果、技術課題、技術確立時期について述べよ。

(動 H30 − 1)

○　ガスタービン燃料電池複合発電（GTFC）について、設備構成及びそれらの役割、特徴、効果について多面的に述べよ。　　　　(動 H29 − 1)

○　代表的な燃料電池を4種類挙げ、その概要、特徴を述べよ。

(動 H26 − 4)

○　代表的な燃料電池を2つ挙げ、それぞれに関して以下の問いに答えよ。

(熱 H26 − 3)

(1) 発電の原理について述べよ。

(2) 熱効率を含む特徴について述べよ。

(3) 開発の状況と課題について述べよ。

　燃料電池に関しては、水素社会を想定して、平成26年度試験以降に出題されている項目です。令和元年度試験では出題されていませんが、燃料電池車や水素ステーションの普及などが計画されている点から考えて、出題される可能性が高い項目と考える必要があります。これまで出題されている内容をみると、燃料電池の種類と燃料電池複合発電の問題に大別されます。しかし、小型のコジェネレーションシステムとしても効率が高い燃料電池は、これから分散型電

源や移動体電源として活用の場が広がることが想定されますので、さまざまな視点で勉強をしておく必要があります。

(10) 蓄熱機器

○　蓄熱システムについて、以下の問いに答えよ。　　　　　　　（熱 H27 － 4）

　(1)　蓄熱システムに用いられる蓄熱方式を2種類挙げ、各々の特徴を述べよ。また、各蓄熱方式に用いられる代表的蓄熱材を2種ずつ挙げよ。

　(2)　温熱/冷熱システムに蓄熱装置を組み込むことのメリット、デメリットについて述べよ。

　(3)　蓄熱を利用したシステムの熱効率を上げるための方策を述べよ。

○　蓄熱式空調システムについて、以下の問いに答えよ。　　　　　（練習）

　(1)　一例を挙げてシステム構成について述べよ。

　(2)　実用化されている蓄熱材の種類とその特徴について述べよ。

　(3)　システムの特徴と性能について述べよ。

○　蓄熱材にはいくつかの種類があるが、これについて以下の問いに答えよ。

（練習）

　(1)　どのような蓄熱材を用いると効果的か。

　(2)　蓄熱材の種類を2つ挙げよ。

　(3)　(2) で挙げた蓄熱材の特徴について述べよ。

　蓄熱システムは、電力の平準化にも効果があるため、今後、再生可能エネルギーが増加していった際の、エネルギーの安定供給用補助設備として期待されています。そういった点で、これまでの出題数は少ないものの、熱の利用の観点から、熱・動力エネルギー機器として今後出題の可能性がある項目と認識して勉強をしておく必要があると考えます。そういった点で、いくつかの練習問題を追加していますので、参考にしてください。

(11) 計　測

○　熱機関における熱移動現象を把握する上で必要となる測定法について、実用化されている技術を2つ挙げ、その概要と特徴を述べた上で、測定法

の将来動向を解説せよ。　　　　　　　　　　　　　　　　　（熱 H30-1）

○　シース熱電対を火炎中に入れてブンゼンバーナーの火炎温度を測定した。
　シース熱電対で測定する火炎温度の測定誤差について、以下の問いに答え
　よ。　　　　　　　　　　　　　　　　　　　　　　　　　（熱 H27-1）

　（1）熱電対で火炎温度を測定する系の測定誤差に影響する熱の流れを図示
　　　し説明せよ。

　（2）温度測定に関係する誤差要因をすべて記述せよ。

　（3）測定誤差を小さくするためにどのような工夫が考えられるか述べよ。

○　燃焼ガス温度が何℃になるかを知ることは、燃焼ガスの熱エネルギーを
　いかに効率よく仕事に変換できるか、あるいは燃焼室の炉壁や燃焼器の耐
　熱性を検討する際に極めて重要なことである。燃焼ガス温度を検討する場
　合の基本となる断熱火炎温度（断熱燃焼ガス温度）とは何か説明せよ。

　　　　　　　　　　　　　　　　　　　　　　　　　　　　（熱 H25-1）

　計測に関する問題は数年おきに出題されています。実際の業務においても熱
の状態を計測で明らかにすることが求められますので、今後も一定間隔をあけ
て出題される可能性があると考えられます。出題されている内容は、解答が難
しいレベルではありませんので、これまでに実務で獲得した知識レベルで解答
できる内容であると考えます。

（12）その他

○　先進超々臨界圧火力発電（A-USC）の特徴、効果、技術課題について
　述べよ。　　　　　　　　　　　　　　　　　　　　　　　（R1-2）

○　燃料と空気の燃焼時に発生する窒素酸化物の生成について、その機構を
　述べよ。また、その抑制手法を1つ挙げ、原理を説明せよ。　（R1-3）

○　大気中の二酸化炭素、メタン、フロン類などの温室効果ガスが増加して、
　地球の気温が上昇するといわれている。そのメカニズムについて、ガスに
　よる温室効果の相違を含めて説明するとともに、考えられる地球温暖化対
　策技術を3つ挙げ、現状を踏まえて述べよ。　　　　　　　（熱 H29-3）

○　比較的小型の発電設備で用いられる「パワーコンディショナー」の概要、

適用される発電技術、必要とされる機能等を述べよ。　　　（動H28－4）

○　固体燃料や液体燃料のガス化が近年実用化されている。ガス化技術について以下の問いに答えよ。　　　　　　　　　　　　　　　　（熱H27－3）

（1）ガス化する目的と、最も一般的に採用されている部分酸化法ガス化プロセスについて、その概要を説明せよ。

（2）ガス化性能を表す指標である熱ガス効率と冷ガス効率について説明せよ。

（3）ガス化を利用したエネルギー・システムの例を1つ挙げ、その概要、特長、課題を述べよ。

○　地球の平均的な大気温度は太陽、地球と宇宙との熱的なバランスにより決まる。これについて以下の問いに答えよ。　　　　　　　　　（熱H26－1）

（1）地球表面が太陽から吸収するエネルギー、及び地球表面から宇宙へ放射するエネルギーについて数式及び温度を用いて述べよ。

（2）主要な温室効果ガスの種類とその発生源について述べよ。

（3）（2）の温室効果ガスは、（1）の熱的なバランスにどのように影響するのか述べよ。

○　新しいエネルギー源として注目されているシェールガスについて説明し、近年シェールガスの生産が急激に伸びている理由について述べよ。

　　　　　　　　　　　　　　　　　　　　　　　　　　　　（動H25－2）

　熱・動力エネルギー機器では、選択科目の内容に記載されていないその他の項目の出題が多いのが特徴となっています。出題されている内容は、地球環境問題や新たに注目されている事項に関する問題が出題されているようです。令和元年度の出題をみると、この傾向は今後も続くと考えられますので、地球環境問題や新技術に関する情報に興味を持っておく必要があります。

　なお、上記に12項目で分類したとおり、熱・動力エネルギー機器で出題されている項目は多岐にわたっていますが、出題される問題は4問ですので、当たりはずれがでる可能性があります。そのため、受験者が得意な項目から順番に、複数の項目を重点的に勉強しておき、解答できる自信が持てる項目を増やしておくことが大切です。

5. 流体機器

流体機器の選択科目の内容は次のとおりです。

　流体工学、流体機械（ポンプ、ブロワー、圧縮機等）、風力発電、水車、油空圧機器その他の流体機器に関する事項

「流体機器」は、旧選択科目「流体工学」を継承しており、そこで出題されている問題は、流体工学、流体機械（送風機を含む）、計測に大別されます。なお、解答する答案用紙枚数は1枚（600字以内）です。

(1) 流体工学

○　数値流体解析において、乱流解析で用いられるレイノルズ方程式について、ナビエ・ストークス方程式からの導出方法と、レイノルズ方程式を解くために用いる乱流モデルについて説明せよ。　　　　　　　（R1-3）

○　流体中で球体が落下して一定速度 V（終端速度）に達している状態を考える。この V に関係する物理量は球体の直径 d と質量 m、重力加速度 g、流体の密度 ρ と粘度 μ の5つである。この現象は、V も含めたこれら6つの物理量の中のいくつかを組合せた互いに比例関係に無い3つの無次元量 π_1、π_2、π_3 の関数 f $(\pi_1, \pi_2, \pi_3) = 0$ で表すことができることを、次元解析により説明せよ。また、この3つの無次元量のうち「レイノルズ数」及び「球体と流体の密度比」の2つを決めた。残りの無次元量は下記の式になるとして、[　　]に入る式を求めよ。ただし、[　　]の式に使われる物理量は2つとする。　　　　　　　（R1-4）

$$\frac{[\quad]}{V}$$

○　境界層のはく離は、流体関連振動や流体騒音の増大をもたらし、流体機器の性能を著しく低下させることがあることから、はく離の機構解明と制御は流体工学の重要な課題の1つである。境界層のはく離の発生について、主流方向の圧力勾配との関係に着目して説明せよ。また、はく離制御の手法として受動制御と能動制御に分類されるものをそれぞれ2つずつ挙げて簡潔に説明せよ。　　　　　　　　　　　　　　　　　　　　　（H30−1）

○　数値流体解析における対流項の離散化手法として、次の2種類の手法の差分式を示し、それぞれの特徴及び使用に関する注意事項を述べよ。

　　　　　　　　　　　　　　　　　　　　　　　　　　　　　　（H30−3）

　1）　一次精度風上差分法　　2）　二次精度中心差分法

○　流速 U、密度 ρ、粘度 μ の一様流の中に、長さ L、幅 B の薄い平板が流れに平行に置かれている。この平板にかかる流れ方向の力 D を、平板の長さ L を基準にしたレイノルズ数 $Re = \rho UL / \mu$ を含む関数として表せ。ここで図のように、二次元流れを仮定し、D は平板後縁における乱流境界層内の速度分布の運動量欠損のみから求められ、そこでの速度分布は $1／7$ 乗則 $u(y) / U = \left(y / \delta \right)^{1/7}$ で与えられるものとする。また δ は平板後縁における乱流境界層厚さであり、Re を用いて $\delta = 0.37L / Re^{1/5}$ で表されるものとする。　　　　　　　　　　　　　　　　　　　　　　　　（H29−1）

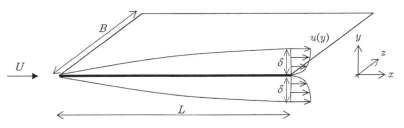

○　乱流の数値計算手法として、直接数値シミュレーション（direct numerical simulation）、LES（large eddy simulation）、RANSモデル（Reynolds averaged Navier−Stokesモデル）が使われている。これらの中から1つ選び、原理、特徴、解析上の注意を説明せよ。　　　　　（H29−3）

○　水中における気泡は、大きさが微細になるにつれてその挙動及び性質に変化が現れるが、この性質を活用して新たな用途が広がりつつある。この

微細気泡の挙動と性質に関して説明し、その発生方法について述べよ。

(H27−3)

○ 物体が流体から受ける抗力あるいは抵抗を低下させることは、drag reduction（抗力軽減あるいは抵抗低減）と呼ばれ、流体工学の様々な分野で考案され利用されている。drag reductionの方法について、下記のキーワードに関連するものを2つ選び、それらの原理、特性、利用上の注意を説明せよ。 (H27−4)

キーワード

① 乱流遷移の促進　　② 小さな制御用ロッドの設置

③ 鎖状高分子溶液の添加　④ リブレットの設置

⑤ LEBU（large eddy break−up device）板の設置

○ 固体壁面に沿う境界層流れが層流から乱流に変化すると、速度勾配に起因する粘性応力に加えて、乱れに起因するレイノルズ応力が発生し、境界層内の運動量輸送が促進される。このレイノルズ応力の定義と流体力学的意味を示し、流れ方向の平均速度分布に与える影響について説明せよ。

(H26−2)

○ 開水路流れを支配する連続の式と運動方程式について簡潔に説明し、その導出方法を述べよ。また、実際の流れへの適用例を用いて開水路流れの特徴を説明せよ。 (練習)

○ 流れをポテンシャルフローで近似する場合の条件と支配方程式について簡潔に説明せよ。また、ポテンシャルフローの特徴について事例を用いて説明せよ。 (練習)

○ 流れの数値解析において誤差を生じる原因を説明せよ。また、誤差を低減して解析精度を向上させるための手法について述べよ。 (練習)

○ 流体中に置かれた物体の流力振動現象について、その発生原因から分類せよ。また、それぞれの原因に対する対応策について述べよ。 (練習)

○ 配管系の圧力脈動について説明せよ。また、圧力脈動が発生する原因を列挙してそれぞれの原因に対する対応策を述べよ。 (練習)

○ 配管系で発生する水撃について説明せよ。また、水撃が発生する原因を列挙してそれぞれの原因に対する対応策を述べよ。 (練習)

8 8 8 8 8 8 8 8 8 8 8 8 8 8 8 8 8 8 8 8 8 8 8 8 8 8 8 8 8 8 8 8

○　渦に起因した振動問題においてストローハル数は重要な無次元数である。このストローハル数について、その意味と振動との関係を説明せよ。

(練習)

○　配管の圧力損失の計算にムーディ線図がよく用いられる。このムーディ線図の特徴を説明せよ。　(練習)

○　翼回りの流れの計算においてクッタの条件を用いることがある。クッタの条件を用いて揚力を計算する方法について説明せよ。　(練習)

○　流体の回転運動により生じる渦は、自由渦と強制渦に大別される。この2種類の渦の特徴及び実際に生じる渦との関係について説明せよ。

(練習)

○　物体が流れに対して受ける抗力を表す方法にストークスの法則を用いることがある。ストークスの法則の同種方法と適用条件について説明せよ。

(練習)

○　円柱周りの流れにより生じるカルマン渦を加振力として円柱が振動する場合にロックイン現象がある。このロックイン現象の発生機構と特徴について説明せよ。　(練習)

○　流体と物体の間の熱伝達において物体近くの温度境界層の厚さ及び境界層内の温度分布を把握することは重要である。この温度境界層内の状態を調べる方法及び熱伝達を促進するための方法について説明せよ。(練習)

○　曲がり管においては遠心力の影響により二次流れが発生する。この二次流れの発生原理及び二次流れが発生することによる影響について説明せよ。

(練習)

○　高速の空気の流れにおいては、流れの乱れに起因して乱流騒音が発生する。この乱流騒音の発生原理と騒音低減手法について説明せよ。(練習)

　流体機器（旧選択科目では流体工学）でこれまでに出題された問題を分析してみると、流体工学の問題と流体機械の問題が多く、それぞれ毎年1～2問の出題があります。計測の問題が出題されなかった年度もありますが、ほぼ毎年出題されています。出題される内容はどれも重要な技術項目であり、過去の出題傾向から重要な項目を取り上げて、解答できるように準備をする必要があり

ます。

　流体工学で平成 25 年度試験から令和元年度試験までに出題された問題を分析すると、数値流体解析（CFD）の問題が 4 回出題されており、乱流解析で用いられるレイノルズ応力、LES、RANS などの乱流モデル、CFD の妥当性・信頼性を評価する V & V 技術の問題が出題されています。物体が流れから受ける力についても 3 回出題されており、自由落下の終端速度、せん断力、抗力を低下させる技術の問題が出題されています。境界層の問題も 3 回出題されており、境界層遷移・はく離の問題が含まれています。その他の問題として、微細気泡の問題が平成 27 年度試験に出題されていますが、それ以外の問題も出題される可能性がありますので、上に示した練習問題を参考にして対応を考えてください。

(2) 流体機械（送風機を含む）

○　ターボ形流体機械のサージングの特徴を説明せよ。また、サージングの防止方法に関する運用上や設計上の基本的な考え方を複数挙げて説明せよ。

(R1 － 1)

○　遠心ポンプの羽根車の設計において、理論揚程（理論ヘッド）H_{th} の求め方について説明せよ。また、この理論揚程 H_{th} が羽根数無限の場合の理論揚程（オイラーヘッド）$H_{th\infty}$ よりも低下する理由について説明せよ。なお、説明には図や式を用いても良い。　　　　　　　　　(H30 － 4)

○　羽根車外径 1.80 ［m］のターボポンプ A の、吐出し量 400 ［m³／min］、所要軸動力 340 ［kW］、回転数 120 ［min⁻¹］の時の全揚程は 4.50 ［m］である。水の密度を 1000 ［kg／m³］、重力加速度を 9.81 ［m／s²］として、以下の問いに有効数字 3 桁で答えよ。　　　　　　　　　　(H29 － 2)

(1) ターボポンプ A の効率を求めよ。

(2) ターボポンプ A と幾何学的かつ力学的に相似で、羽根車外径 2.20 ［m］、全揚程 4.00 ［m］となるターボポンプ B を設計する。ターボポンプ B の吐出し量、回転数、所要軸動力を求めよ。但し、レイノルズ数の影響は無視してよい。

○　水力機械である渦巻ポンプの圧力脈動は、羽根車出口流れと渦巻きケー

シング巻き始め部（舌部）との干渉によるものである。その特徴とそれにより生じる問題を述べ、さらにポンプ自身に施されている低減策を必要とあれば図を用いて2つ述べよ。 (H29－4)

○　流体機械の開発・設計に用いられるCFD（Computational Fluid Dynamics）について、解析結果の妥当性・信頼性を評価する方法としてV&V技術（Verification & Validation技術）が提案されている。このV&V技術について、背景、特徴、方法を説明せよ。 (H28－2)

○　ターボ機械に関する基本理論としてオイラーの式がある。どのような理論に基づき導かれた式かを説明し、下図の遠心ポンプの羽根車の回転軸回りのトルクM [N・m]、羽根車の動力P [W]、理論揚程H_{th} [m] を与える式を導け。また、オイラーの式が実際の設計でどのように使用されるかについても説明せよ。ここで、v [m/s] は静止座標系から見た速度、w [m/s] は羽根車と共に回転する座標系から見た速度、u [m/s] は羽根車の周速度、ω [rad/s] は羽根車の回転角速度、添字1、2は羽根車の入口、出口を示す。また、重力加速度をg [m/s^2]、流体の密度をρ [kg/m^3]とし、羽根車を通過する体積流量をQ [m^3/s] する。 (H28－3)

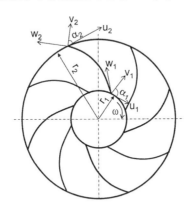

○　遠心送風機のうち、圧力上昇が小さいものを遠心ファンと呼ぶ。遠心ファンには、羽根出口角度が回転の逆方向を向く"後向き羽根ファン"の他に、羽根出口角度が回転方向を向く前向き羽根を持つ"多翼ファン"（シロッコファン）と、羽根出口角度がほぼ半径方向の"ラジアルファン"の

3種類がある。その3種類の中から、"後向き羽根ファン"と"多翼ファン"の特徴について、構造、性能、適用の観点から比較し、説明せよ。

$$(\text{H}28-4)$$

○　水力機械である片吸込形渦巻ポンプの羽根車に働く半径方向の力（半径方向スラスト）と軸方向の力（軸スラスト）について、それぞれ図を描いて発生要因を説明し、これらスラストを低減するための方策を1例ずつ述べよ。

$$(\text{H}27-2)$$

○　ポンプ運転中に、吐出し圧力と吐出し量が激しい周期的変動を生ずることがある。この現象をポンプのサージング（surging）という。ポンプ揚程曲線を描き、この発生原因と対策を述べよ。

$$(\text{H}26-1)$$

○　エンジンの吸気系では、過給機を使わずに吸入空気量を増やす手段として、通路抵抗を小さくする等の方法（静的効果）と吸気管内の圧力変動を有効利用する方法（動的効果）とがある。それぞれの方法について、その具体的内容と特徴を説明せよ。

$$(\text{H}26-3)$$

○　流体機械におけるキャビテーション現象とその影響について説明せよ。また、キャビテーションを防ぐための方法を2つ挙げて論ぜよ。

$$(\text{H}25-1)$$

○　圧縮機やポンプ等の流体機械は、大別すると容積型とターボ型に分類される。分類表を作り、方式選定時に考慮すべき点について説明せよ。

$$(\text{H}25-2)$$

○　流体機械の開発・設計において計算流体力学（Computational Fluid Dynamics：CFD）は不可欠となっているが、実際の流体機械に関する流れは多くが乱流であり、実用的な計算を実施するためにはこの扱いに工夫が必要である。CFDにおける乱流の扱い方について分類するとともに、それぞれの物理的な特徴と、実用上の問題について記述せよ。　（H25－3）

○　ポンプを含むシステムの設計において吸入側のNPSHの検討は重要である。このNPSHの定義及び遠心ポンプと往復動ポンプのNSPH計算方法の違いについて説明せよ。　（練習）

○　ターボポンプの羽根車の設計において相似則が適用できる。この相似則の考え方とポンプの型式との関係について説明せよ。　（練習）

○　ターボポンプの性能試験は設計時点で設定した性能を確認するために重要である。このポンプの性能試験において確認すべき事項を列挙し、特に注意が必要な項目2つについて具体的に説明せよ。　　　　　（練習）

○　ターボ型圧縮機において旋回失速により流れが不安定となることがある。この旋回失速の発生原理と防止策について説明せよ。　　　　　（練習）

○　ターボポンプのキャビテーションの検討を行う上で、吸い込み比速度を用いることがある。この吸い込み比速度の考え方と使用方法について説明せよ。　　　　　　　　　　　　　　　　　　　　　　　　　　　（練習）

○　流体機械においては回転軸の危険速度を考慮して回転軸の設計を行う。この危険速度に関して、基本的に考慮すべき点及び対応方法について説明せよ。　　　　　　　　　　　　　　　　　　　　　　　　　　（練習）

○　ターボ機械では動静翼列干渉に起因した振動が問題となることがある。この動静翼列干渉の発生機構と対応策について説明せよ。　　　（練習）

　流体機械で平成25年度試験から令和元年度試験までに出題された問題を分析すると、ターボ機械のサージングの問題が2回、理論揚程（オイラーの式）の問題が2回、回転機械の種類に関する出題が2回出題されています。それ以外は、効率・動力、渦巻きポンプのスラスト（半径・軸方向）、エンジンの吸気量増加、ポンプのキャビテーションなどが出題されており、出題が多岐にわたっています。しかし、出題されている内容は、基本的な事項に絞られているようです。そのため、上に示した練習問題を参考にして、流体機械の基本的な事項を解答できるように準備しておく必要があります。

（3）計　測

○　気流などの流れの光学的可視化方法として、シャドーグラフ法、シュリーレン法、マッハツェンダ干渉計がある。これら3つの中から2つを選び、その方法と特徴を説明せよ。なお、説明には図を用いてもよい。

（R1－2）

○　流速を計測する技術として、熱線流速計（hot－wire velocimeter）、レーザ流速計（laser Doppler velocimeter）、粒子画像流速計測法（particle image velocimetry）が使われている。これらの中から1つ選び、測定原理と特徴、使用上の注意を説明せよ。 (H30-2)

○　流量測定は流体工学における基盤技術の1つであり、異なる原理に基づく測定装置が開発されている。よく用いられている流量計である、絞り流量計、層流流量計、電磁流量計、超音波流量計の中から2つ選び、その測定原理と特徴を説明せよ。 (H28-1)

○　流れを可視化する手法の1つとしてトレーサと呼ばれる目に見える物体を流れの中に注入し、そのトレーサの動きから流体の運動を知る手法（注入トレーサ法）がある。この可視化方法を使った実験において、注入するトレーサの選定に当たり、トレーサに求められる必要な条件及びその理由について、水流の場合と気流の場合に分けてそれぞれ述べよ。また、この注入トレーサ法（ただし、化学反応、電気制御、光反応の各トレーサ法を除く。）に使用されているトレーサを水流の場合と気流の場合に分けて3例ずつ挙げよ。 (H27-1)

○　ピトー管を用いた流速計測法とオリフィスを用いた流量計測法について各々の原理を、図を用いて説明せよ。また、その計測方法の使用上の注意事項について述べよ。 (H26-4)

○　非定常な流れ場の流速を測定する技術として、熱線流速計とレーザ・ドップラー流速計が挙げられる。いずれか1つについて測定原理と特徴を説明せよ。 (H25-4)

　流体機械で平成25年度試験から令和元年度試験までに出題された問題を分析すると、流速・流量計測に関する問題が4回出題されており、流れの可視化に関する問題が2回出題されています。これ以外の問題の出題はありませんが、圧力計測の問題として衝撃圧、変動圧（脈動）、微差圧、応答性に関するもの、温度計測の問題として精度、応答性、高温対応などが出題される可能性があると考えます。

6. 加工・生産システム・産業機械

加工・生産システム・産業機械の選択科目の内容は次のとおりです。

> 加工技術、生産システム、生産設備・産業用ロボット、産業機械、工場計画その他の加工・生産システム・産業機械に関する事項

「加工・生産システム・産業機械」は、旧選択科目「加工・ファクトリーオートメーション及び産業機械」を継承しており、そこで出題されている問題は、加工技術、加工機械、生産システム、工場設備計画・生産計画、その他に大別されます。なお、解答する答案用紙枚数は1枚（600字以内）です。

（1）加工技術

○ 金属板材を必要な形状、寸法に加工する方法に曲げ加工がある。これは塑性加工法と言われ、汎用的な加工法の1つである。この塑性加工法とは、どのような加工か説明し、曲げ加工以外で原理が異なる代表的な塑性加工法の名称を3種類挙げよ。また、曲げ加工の様式について1種類の名称を挙げ、その加工原理について絞り加工との違いを含めて説明せよ。

(R1－2)

○ 板材成形加工のうち下図に示すようなV曲げ加工は、1つの金型でいろいろな曲げ角度を得ることができる汎用性の高い加工方法である。しかしその加工には材料の塑性変形と弾性変形が混在しているため、加工条件に応じたそれぞれの変形特性を理解していることが重要である。V曲げ加工について以下の問いに答えよ。

(H30－1)

（1）この加工においては、ダイV溝の両肩部で材料を受け、V形状を持つパンチをV溝の中に押し下げて加工を行う。このときに、はさみ込み中

（加工中）の板材の角度を決定する要因を4つ挙げよ。

(2)　荷重除荷後には弾性回復であるスプリングバックが発生する。その現象を支配する材料側の要因を3つ挙げよ。

(3)　V曲げ加工において目的の製品角度を精度良く安定して得るための技術的手段を2つ挙げて、説明せよ。

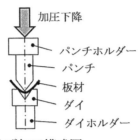

V曲げ加工模式図

○　機械加工法に非接触加工法がある。非接触加工法に関して、以下の問いに答えよ。　　　　　　　　　　　　　　　　　　　　　　　（H29－1）

(1)　非接触加工法の名称を3つ挙げよ。

(2)　(1)で挙げた非接触加工法のうち2つを選び、それぞれの加工原理を説明せよ。ただし、図を用いて説明しても構わない。

(3)　(2)で説明した非接触加工法のそれぞれについて、利用における技術的課題を2つずつ示せ。

○　切削加工を高精度、高能率に行うために、各種の工具材料が開発されている。切削加工を行う際は、適切な特性を持った工具材料を選定する必要がある。切削工具に使用される工具材料について、以下の問いに答えよ。

（H28－1）

(1)　工具材料に要求される特性を4つ示せ。

(2)　工具材料を5種類挙げよ。

(3)　上記(2)で挙げた工具材料のうち2種類に対して、上記(1)で挙げた特性と関係付けて、それぞれの特徴を述べよ。

○　金型を用いた成形法に関して、以下の問いに答えよ。　　（H26－1）

(1)　成形法に関して4種類の名称を示し、それぞれの成形法で製造される

部品あるいは製品の名称を2例ずつ示せ。

(2) (1) で示した4種類の成形法の中から2種類の成形法を選び、それぞれを説明せよ。

○ 金属の塑性加工法に関して、以下の問いに答えよ。　　　　(H25-1)

(1) 塑性加工法の中から3種類を選び、加工法の名称を示し、それぞれの加工法で製作される製品の名称を1例ずつ示せ。

(2) 上記の3種類の加工法について、材料がどのように塑性変形されるか、加工のプロセスがわかるように、それぞれ図を使って説明せよ。

○ プラスチックは成形加工の視点から分類すると熱可塑性プラスチックと熱硬化性プラスチックの2つに分類できる。これら2つのプラスチックの特徴を踏まえ、それぞれの成形加工がどのようなものかを説明せよ。また、それぞれの加工法についての特徴と代表的な製品について説明せよ。

(練習)

○ シリコン単結晶の製法には2つの方法がある。それぞれの製法についてどのようなものか説明せよ。また、それぞれの製法がどのような用途の製品に適しているか、それぞれの製法の特徴を示して説明せよ。　　(練習)

○ 金属の溶接法の中から2種類を選び、溶接法の名称を示し、溶接法の内容と技術的な特徴を、具体的な利用例を挙げて説明せよ。次にそれぞれの溶接法について、溶接を実施するに当たり留意すべき点と対応方法をその理由とともに説明せよ。　　　　　　　　　　　　　　　(練習)

○ 金属の鋳造法の中から2種類を選び、鋳造法の名称を示し、それぞれの鋳造法の内容と技術的な特徴を、具体的な利用例を挙げて説明せよ。さらにそれぞれの鋳造法について、どのような用途の製品に適しているか、それぞれの製法の特徴を示しながら説明せよ。　　　　　　　(練習)

加工技術では機械加工技術に関する基本的な知識を問う問題が出題されています。平成30年度試験では問題の記述に変化が見られましたが、解答を求める内容については変わっていないといえます。加工の対象としては、加工法の種類も多いことから、主に金属に関する設問がここ数年は中心になっています。したがって勉強法としては、さまざまな金属加工法の種別、原理、特徴、適用

例を、原点に立ち返ってきちんと説明できるよう（必要に応じて簡単なスケッチを利用する）整理し、勉強しておくことが重要です。さまざまな加工法の中でも、技術の進歩に伴って導入されている加工技術に関しては、しっかりとその内容を押さえておくことも大切です。また、それぞれの加工法の短所への対処方法も合わせて準備しておくとよいでしょう。練習問題では金属加工以外の素材加工についても若干加えていますので、これらの加工知識にも触れておけば万全でしょう。

(2) 加工機械

○　工作機械の性能に大きな影響を及ぼす基本特性は4つある。そのうちの3つを挙げて説明せよ。さらに、そのうちの1つを挙げ、その基本特性を向上するための基本原理を3項目以上挙げて、その内容について説明せよ。

（R1−1）

○　工作機械の熱変形は、加工精度に大きな影響を及ぼすことが知られている。この熱変形の要因となる熱源には、外部熱源と内部熱源がある。これらに関して、以下の問いに答えよ。　　　　　　　　　　　　（H30−2）

(1) 熱変形の要因となる内部熱源を4つ挙げよ。

(2) これら熱源による熱変形の影響を小さくするための基本的な考え方を4つ挙げよ。

(3) 上記（2）で挙げた基本な考え方のうち、2つの考え方について、それらを実現するための具体的な方法を、（1）の熱源を事例として説明せよ。

○　工作機械には多くの力が作用し、加工精度、加工能率に影響を及ぼしている。これらの力に関して、以下の問いに答えよ。　　　　（H29−2）

(1) 工作機械に作用する力は、静的なものと動的なものに分類できる。それらの力の特性について説明せよ。

(2) （1）で分類した2つの力それぞれについて、具体的な力の例を2つずつ示せ。

(3) （2）で示した具体的な力のうち1つを選んで、その力が加工性能や工作機械にどのような影響を及ぼすかについて述べよ。

○　NC工作機械の高精度化にCNC装置の機能向上が欠かせない。開発が進むCNC装置に関して、以下の問いに答えよ。　　　　　　　　　　　（H28−2）

(1) CNC装置の操作に関する基本機能を2つ挙げ、それぞれ説明せよ。

(2) 上記（1）で挙げた基本機能を実現するために、パソコン等に使用されている汎用OSがCNC装置に使われている。その利点を説明せよ。

(3) 近年、3次元ソリッドシステムを搭載しているCNC装置が開発されている。その利用法を説明せよ。

○　「複合工作機械（複合加工機）の導入」に関して、以下の問いに答えよ。　　　　　　　　　　　　　　　　　　　　　　　　　　　　　（H27−2）

(1) 複合工作機械（複合加工機）の概要（図を補足として用いても可）を述べよ。

(2) 複合工作機械（複合加工機）の導入目的を述べよ。

(3) 複合工作機械（複合加工機）の導入課題を述べよ。

○　金属粉末を材料として用いる積層造形システムに関して、以下の問いに答えよ。　　　　　　　　　　　　　　　　　　　　　　　　　　（H26−2）

(1) 具体的利用目的を挙げ、その技術的概要を述べよ。

(2) （1）で述べた利用における技術的課題を述べよ。

○　3Dプリンター（ラピッドプロトタイピング、積層造形システムを含む。）に関して、以下の問いに答えよ。　　　　　　　　　　　　　　（H25−2）

(1) 技術的概要と利用目的を説明せよ。

(2) 3Dプリンターの機能を実現する具体的方法を3つ（図示してもよい。）説明せよ。

○　様々な種類のブロー成型機から1つ挙げ、そのブロー成型機で製作される製品の具体的な名称と、製作時の留意点を説明せよ。また、そのブロー成型に関し、それぞれの問題点を1つ指摘し、その対策としてどのような工夫、対策が行われているか説明せよ。　　　　　　　　　　（練習）

○　様々な種類の放電加工機から1つ挙げ、その内容と技術的な特徴及び適用事例を説明せよ。また、放電加工の課題について1つ挙げ、その課題に対処するための具体的な方法について説明せよ。　　　　　　　　（練習）

○　機械加工にはオンライン計測が用いられているケースが多くある。オン

ライン計測が用いられている例から1つ挙げ、オンライン計測の導入目的と計測概要について説明せよ。また、オンライン計測における導入課題とその対策についても説明せよ。　　　　　　　　　　　　　　　（練習）

○　射出成型機に求められる機能と特徴について説明せよ。また、射出成型機を使った成型設計で、特に留意しなければならない点を1つ挙げて説明せよ。　　　　　　　　　　　　　　　　　　　　　　　　　（練習）

○　三次元造形のキーテクノロジーである積層造形法について説明せよ。また、三次元造形の導入目的と導入に当たっての課題と対策について説明せよ。　　　　　　　　　　　　　　　　　　　　　　　　　　　（練習）

○　粉粒体の分級装置から1例を挙げて、その分級装置の適用対象と適用の理由を説明せよ。またその分級機における分級上の課題と対応策について説明せよ。　　　　　　　　　　　　　　　　　　　　　　　（練習）

○　食品加工機械に求められる固有の特徴を1つ挙げてその内容を説明し、その特徴に対してその特徴を満足させるための食品加工機械製造における課題と対策を述べよ。　　　　　　　　　　　　　　　　　（練習）

　加工機械では、加工技術とは異なり技術の進歩に合わせた最近の加工機械技術、加工機械の特性・特徴について問う内容が出題されています。平成25年度試験ではすでに3Dプリンターに関する問題が出題されました。今後も、複数の機能を有するマシニングセンタ、さらにはコンピュータ制御により複数の加工を1台の機械で行える複合加工機、最近の技術を導入して加工を行う放電加工機や精密加工機などについて出題されると考えられますので、それらに関して勉強しておく必要があります。平成29年度から令和元年度試験においては、工作機械の加工精度に関する内容が出題されています。複合機能を持つ工作機械において加工精度に影響する因子を特定し、これを最小限に抑えて加工精度を維持する対策について整理しておくことが必要です。したがって、練習問題における「課題」として、加工精度の視点でも解答できるようにしておくとよいでしょう。

(3) 生産システム

○ MRP（material requirements planning）システムにおける基本情報を3つ挙げ、内容を説明せよ。また、独立需要品目と従属需要品目について説明するとともに、これらの生産計画を基本情報に基づいて策定する手順を説明せよ。　　　　　　　　　　　　　　　　　　　　　　（R1－4）

○ サプライチェーンにおいて、見込み生産と注文生産の切り替え点、すなわちサプライチェーンプロセス中の分岐点をデカップリングポイントと呼ぶ。このデカップリングポイントは、一般に在庫を注文に引き当てる点となる。以下の問いに答えよ。　　　　　　　　　　　　　　（H29－3）

(1) 任意の業界において、デカップリングポイントの具体的な例を1つ挙げて説明せよ。

(2) デカップリングポイントがサプライチェーンの上流あるいは下流にある場合それぞれについて、デカップリングポイントと在庫の関係を説明せよ。

(3) (2) と同様の場合について、デカップリングポイントと機会損失（欠品）の関係を説明せよ。

○ 生産ラインの構築における産業用ロボットの導入に関して、以下の問いに答えよ。　　　　　　　　　　　　　　　　　　　　　　（H28－3）

(1) 産業用ロボットの技術的概要を述べよ。

(2) 産業用ロボットの導入目的を述べよ。

(3) 産業用ロボットの導入の課題を述べよ。

○ 生産管理手法の1つであるスケジューリングに関して、以下の問いに答えよ。　　　　　　　　　　　　　　　　　　　　　　　　（H27－3）

(1) 利用目的を述べよ。

(2) スケジューリングにおいて考慮すべき要求項目を4つ挙げよ。

(3) スケジューリングにおける技術的課題を3つ挙げよ。

○ 生産ラインにおいて、複数の工程が直列に並んでいるとき、ボトルネック現象が起こることがある。　　　　　　　　　　　　　　　（H27－4）

(1) ボトルネック現象とは何か、説明せよ。

(2) 各工程の処理能力や負荷がほぼ確定的であって、すべての工程の処理

能力や負荷が同じでなければ、ボトルネック現象が発生する。その理由を説明せよ。

(3) 各工程の処理能力と負荷の平均値は同じであるが確率的に変動する場合、ボトルネックが発生する。その理由を説明せよ。

○　生産工程の設計・改善において、工程間にはバッファとしてのストック（貯蔵）を考慮する場合が多い。このストックについて、以下の問いに答えよ。　　　　　　　　　　　　　　　　　　　　　　　　（H26−4）

(1) ストックが必要となる理由を説明せよ。

(2) ストックを減らすための対策を2つ挙げ、それぞれについて説明せよ。

○　生産ラインの自動化に当たり、様々な生産機械や工程をつなぐ工程間搬送に関して、以下の問いに答えよ。　　　　　　　　　　　（H25−3）

(1) 工程間搬送システムを2種類挙げ、それぞれの機構・概要を説明せよ。

(2) 工程間搬送システムを導入する場合の留意点を述べよ。

○　生産設備の機械動作検出や材料のトラッキングに用いられるセンサから2種類を挙げ、それぞれの原理と特徴について述べよ。また、これらのセンサを生産設備に組み込む際の選定において、具体的な例を示しながら、その選定理由、及び留意すべき点と対策について説明せよ。　　　（練習）

○　FMS（Flexible Manufacturing System）の概要について説明せよ。また、FMS導入によって得られる効果、および課題と対策について、想定できる事例を挙げて説明せよ。　　　　　　　　　　　　　　　　　　　（練習）

○　生産システムあるいは加工法の最適化とシミュレーションの技法について、最適化を行う際に重要なポイントは何か具体的な例を示して説明せよ。また、最適化シミュレーションにおける留意点とその対応について説明せよ。　　　　　　　　　　　　　　　　　　　　　　　　　　　　（練習）

○　自動化された製鉄製造ライン（板材もしくは鋼管）に設置される様々な検出器について2つを挙げ、それらの用途と目的を示すとともに、検知原理について説明せよ。また、選んだ2つの検出器の選定に当たり、勘案すべき重要な事項と留意すべき点について具体的な例を挙げて説明せよ。

（練習）

○　精密製品工場や製薬・食品工場、病院等の研究施設に設置されるクリー

ンルームの機器構成と設備選定において留意すべき要点を説明せよ。また、運転する際に各機器に求められる技術要求と、何を監視して運転すべきかについて説明せよ。　　　　　　　　　　　　　　　　　　（練習）

○　自律分散システム（autonomous distributed manufacturing system）の概要について説明せよ。また、自律分散システムによって得られる効果及び課題と対策について、想定できる事例を挙げて説明せよ。　　（練習）

○　近年では廃棄物の問題、希少資源の保護、地球環境汚染などに対応した製品作りや生産方法などが社会的に求められている。この対応として環境対応生産システムを進めていくことになるが、環境対応生産システムとはどういうものであるか、具体例を挙げて説明せよ。また、環境生産システムを導入するうえで留意すべき点を1つ挙げて説明せよ。　　　（練習）

　生産システムは、最近ではほぼ毎年出題されている項目になります。出題されている内容としては、生産システム全体を俯瞰して生産現場に導入を求められるシステムのあり方を問う問題と、生産システムの中のある機能について深く問う問題の2種類が出題されています。前者については、生産システムの種別、内容、特徴、適用例を事前に整理して、きちんと説明できるように準備する必要があります。最近では、生産システムに高度な情報システムを組み込み、より細やかな管理やトラブル対応ができるものが登場していますので、これらの最新システムについても情報を得ておく必要があります。

　一方後者に関しては、ピンポイントで出題される機能を特定することは難しいので、各分野における生産ラインで導入されている最新技術を調べ、その内容を理解しておく勉強をしておきましょう。

(4) 工場設備計画・生産計画

○　機械部品の製造工程（素材受入れから、機械部品として組立工程に出荷するまでの工程）を想定して、その生産リードタイムの定義を説明し、これを構成する時間を4種類挙げよ。また、その時間ごとにそれぞれを短縮する方策とその具体的な技術的事例について説明せよ。　　　（R1-3）

○　生産設備の使用効率の度合を表す指標の1つに設備総合効率がある。こ

れについて以下の問いに答えよ。　　　　　　　　　　　　　（H30−3）

(1) 設備総合効率について説明し、そうした総合的な指標を導入することの意義を述べよ。

(2) 設備総合効率を阻害する代表的な要因（ロス）を4つ挙げ、説明せよ。

(3) 上記（2）で挙げた要因（ロス）のうちの2つに関して、それらを改善するための方法をそれぞれ具体例とともに述べよ。

○　原価低減を考えるに当たっては、総原価が生産量の多寡によって左右されることを踏まえて進めていかなければならない。生産性や原価低減の効果を計る分析手法として損益分岐点分析がある。損益分岐点分析について、以下の問いに答えよ。　　　　　　　　　　　　　　　　　　（H30−4）

(1) 損益分岐点を決める3つの項目を挙げ、損益分岐点との関係を示せ。

(2) 損益分岐点を小さくするための課題を、（1）の項目それぞれについて1つずつ挙げ、説明せよ。

(3) 上記（2）で挙げた課題のうち2つを挙げ、それを解決するための方策を説明せよ。

○　生産を実施する準備段階において、生産計画を詳細に立案しても、時間の経過とともに実際の生産実績と生産計画との間に差異が生じる。そのため、日々の生産作業の状況を把握しながら、できるだけ生産計画に近づけるために調整することを、生産統制と呼ぶ。生産統制について、以下の問いに答えよ。　　　　　　　　　　　　　　　　　　　　　　（H29−4）

(1) 生産統制を行う上で重要な作業として進捗管理がある。進捗管理の内容を具体的に説明せよ。

(2) 生産統制において進捗管理以外に実行すべき作業を2つ挙げて、それらの作業の内容をそれぞれ説明せよ。

(3) 生産実績が生産計画より遅れる場合に必要な短期的及び中長期的対策を、それぞれ1つずつ挙げてその内容を説明せよ。

○　サプライチェーンにおける鞭効果（ブルウィップ効果）について、以下の問いに答えよ。　　　　　　　　　　　　　　　　　　　　　　　　（H28−4）

(1) 鞭効果とはどのような現象かを説明せよ。

(2) 鞭効果が起こる理由を説明せよ。

(3) 鞭効果を低減するための対策を述べよ。

○ 持続可能社会の実現には、資源やエネルギーの使用を減らし、製品や部品を再利用することが重要である。この点に関して以下の問いに答えよ。

(H26－3)

(1) 製品設計・製造・利用・廃棄の製品ライフサイクルの中で、3R というキーワードが知られている。3R について説明せよ。

(2) 工場において可能な省エネの対策項目を3つ挙げ、それぞれについて、実施する上での課題を説明せよ。

○ SCM（Supply Chain Management）に関して、以下の問いに答えよ。

(H25－4)

(1) SCM の概要について説明せよ。

(2) 最近生じている SCM における問題事例を2つ挙げ、それぞれについて説明せよ。

○ 工場内生産設備における組立設備には「台車方式」と「パレット方式」があるが、それぞれの機構と概要を説明せよ。また、これらの方式から1つを選び、システムを導入するに当たっての目的とその際の留意点を説明せよ。　　　　　　　　　　　　　　　　　　　　　　　　　　（練習）

○ 工場設備における「リスクベースメンテナンス」とは何か説明せよ。また、リスクベースメンテナンスを工場計画にどのように活用するかについて具体例を挙げて説明し、合わせて課題についても言及せよ。　（練習）

○ 食品工場の自動生産ラインに用いられている制御システムの事例を2つ挙げ、その概要を（図を補足として用いても可）説明せよ。また、制御システムの導入目的、及び導入に当たって留意すべき事項について説明せよ。

（練習）

○ 生産システムに活用されている監視・制御システム事例を1つ挙げて、その概要を説明せよ（図を補足として用いても可）。また、監視・制御システムの導入目的及び導入に当たって留意すべき事項について説明せよ。

（練習）

工場設備計画・生産計画についても、最近では毎年出題される項目になって

います。特定の工場設備の計画というよりは、工場設備計画に関する理論的な
テーマから特定のポイント、最近話題となってきているポイントについての問
題が出題されています。この種の問題に対応するためには教科書的な文献だけ
ではなく、産業界における生産技術動向や生産技術に関するキーワードを常に
チェックしておくようにし、その内容について自分自身で掘り下げて勉強し、
理解しておく必要があります。この分野においても、高度な情報管理や検知技
術を取り入れた自動化設備の計画を視野に入れ、より効率的な設備・生産計画
のあり方とはどういうものであるかを、自分の言葉でまとめられるように勉強
しておくことが大切です。

(5) その他

○　CADデータに関して、以下の問いに答えよ。　　　　　　　（H27−1）

(1) サーフェスモデルとソリッドモデルについて、それぞれのモデルを構
築する技術的特徴、長所、短所を述べよ。

(2) 異なるCADシステム間でデータを交換するとき、標準のCADデータ
形式を用いて交換する方法があるが、その長所、短所を述べよ。

(3) CADデータ形式の1つとしてSTL形式があるが、その特徴と主な活用
事例を述べよ。

その他は、(1) から (4) 項以外の「加工・生産システム・産業機械」に関
する項目になりますが、本項目に相当する問題は過去に1問だけ出題されてい
ます。最近の出題傾向からみると、本項目での出題は考えにくいので、(1) か
ら (4) に示した各項目に対し、それぞれ最近の制御技術、電子・情報・通信
技術を取り入れた加工技術、機械技術とその応用技術という視点で勉強してお
けば、対策につながるでしょう。

第3章

選択科目（Ⅱ－2）の要点と対策

　選択科目（Ⅱ－2）の出題概念は、令和元年度試験からは『これまでに習得した知識や経験に基づき、与えられた条件に合わせて、問題や課題を正しく認識し、必要な分析を行い、業務遂行手順や業務上留意すべき点、工夫を要する点等について説明できる能力』となりました。

　また、出題内容としては、平成30年度試験までとほぼ同様に、『「選択科目」に関係する業務に関し、与えられた条件に合わせて、専門知識や実務経験に基づいて業務遂行手順が説明でき、業務上で留意すべき点や工夫を要する点等についての認識があるかどうかを問う。』とされています。そのため、平成25年度試験以降の過去問題は参考になると考えます。

　評価項目としては、『技術士に求められる資質能力（コンピテンシー）のうち、専門的学識、マネジメント、コミュニケーション、リーダーシップの各項目』となりました。専門知識問題と違っている点は、「マネジメント」と「リーダーシップ」が加えられている点です。ですから、解答に当たっては、その業務の責任者として対応している点を意識して解答を作成する必要があります。

　なお、本章で示す問題文末尾の（　）内に示した内容は、R1－1が令和元年度試験の問題の1番を示し、Hは平成を示しています。また、（練習）は著者が作成した練習問題を示します。

1. 機械設計

「機械設計」で出題されている問題は、設計工学、材料工学、設計情報学に大別されます。なお、解答する答案用紙枚数は2枚（1,200字以内）です。

(1) 設計工学

○　多くの製品には様々な機械要素が組み込まれており、目的に応じた設計が行われなければならない。2種類以上の機械要素が組み込まれた製品の開発を取りまとめる設計者として、下記の内容について記述せよ。

(R1-1)

(1) 開発製品を具体的に1つ示し、組み込まれる2種類以上の機械要素に関して、調査、検討すべき事項とその内容について説明せよ。

(2) 業務を進める手順について、留意すべき点、工夫を要する点を含めて述べよ。

(3) 業務を効率的、効果的に進めるための関係者との調整方策について述べよ。

○　あなたは製品設計部のリーダとして仕事を進めてきた。今回、新製品開発プロジェクトメンバーに選ばれて、設計審査（design review）を通じて製品開発のマネジメントを遂行することになった。プロジェクトを進めるに当たり、下記の内容について記述せよ。　　　　　　　(R1-2)

(1) 全体的な製品開発の進め方に関して、調査、検討すべき事項とその内容について説明せよ。

(2) 製品設計部門で業務を進める手順について、留意すべき点、工夫を要する点を含めて述べよ。

(3) 業務を効率的、効果的に進めるための関係者との調整方策について述べよ。

○　機械製品には材質の異なる材料を接合、接着、締結などで組合せた構造が用いられることがある。製品開発を取りまとめる立場として、このような構造設計を進めるに当たり、以下の問いに答えよ。　　　　（H30－1）

（1）開発する製品例1つと構成する材料を挙げ、材料が異なることによる製品への影響を2つ挙げよ。

（2）（1）で挙げた製品への影響を1つ選びその留意点と対策を述べよ。

（3）（2）で挙げた対策が適切なものであるか検証する方法を述べよ。

○　近年、多様なニーズへ応えるために、新しい製品をより短い時間で開発することが求められている。製品開発の責任者として、開発期間の半減を目標とした場合、機械設計の観点から下記の内容について記述せよ。

　　　　　　　　　　　　　　　　　　　　　　　　　　　　　　（H29－1）

（1）目標達成のために活用する設計手法を3つ挙げよ。

（2）（1）の事項のうち最も重要なものを取り上げ、開発プロセス内での使い方と開発期間の短縮を含めた期待効果を述べよ。

（3）（2）を進める上で留意すべき事項を述べよ。

○　近年「モデルベース開発手法」が注目されている。これは、設計段階において、システムの各部品を物理モデルで表し、さらにそれらを結合し計算機シミュレーションによって性能設計を進め、上流段階での品質を確保しようとするものである。あなたが責任者として、ある製品をモデルベースで開発を進めることになったとし、下記の内容について記述せよ。

　　　　　　　　　　　　　　　　　　　　　　　　　　　　　　（H28－1）

（1）開発する製品例を1つ挙げ、その技術的課題と、そこで用いる物理モデルを2つ挙げよ。

（2）（1）の2つの物理モデル計算によって確認されるであろう製品の性能や品質を述べよ。

（3）（1）の物理モデル計算によっても評価できない製品の性能や品質とその対策について述べよ。

○　製品の環境に関わる法規制がグローバルに広がる現在、設計段階において3R（Reduce、Reuse、Recycle）に加えて環境配慮設計が多面的に、より一層求められるようになった。あなたが新製品開発チームの担当責任者

として業務を進めるに当たり、以下の問いに答えよ。　　　　　（H27−1）

(1) 環境配慮設計において、3Rの他に検討すべき項目を2つ挙げよ。

(2) 3R及び上記で挙げた2つの項目に対して、それぞれ具体的な取組内容を述べよ。

(3) (2)で挙げた3つの取組を進める際に留意すべき事項を述べよ。

○　新製品の開発では性能と品質の両立、及びコストダウンを求める競争がグローバルに広がり、設計段階において最適設計が強く求められるようになった。あなたが新製品開発チームの担当責任者として業務を進めるに当たり、以下の問いに答えよ。　　　　　（H27−2）

(1) 最適設計を用いるために検討すべき項目を3つ挙げよ。

(2) 上記で挙げた3つの項目に対して、それぞれ具体的な取組内容を述べよ。

(3) (2)で挙げた3つの取組を進める際に留意すべき事項を述べよ。

○　新製品開発においては、開発初期段階での製品品質の作りこみ（フロントローディング）が、以前にも増して重要になっている。あなたが新製品開発チーム取りまとめ者を担当するとして以下の問いに答えよ。

　　　　　（H26−1）

(1) 開発初期段階での製品品質の作りこみに必要な活動項目を3つ挙げよ。

(2) 上記で挙げた活動を実効あるものにするために必要な留意点について述べよ。

○　新製品開発においては、過去の設計、製造、市場での失敗事例などの経験を踏まえて設計を行うことが重要である。あなたが開発の責任者であるとして、機械設計の観点から、技術的知識の伝承を進めるためにどのような取り組みが可能か、以下の問いに答えよ。　　　　　（H26−2）

(1) 設計時に必要な明文化されていない技術的知識を具体的に3つ挙げ、これらを設計プロセスでどのように活用するか、それぞれ述べよ。

(2) それぞれの技術的知識を伝承するための課題とその解決策を述べよ。

○　装置開発では、製品仕様の変更に伴い、使用する機械要素のサイズを変更することが多々生じる。変更に当たり、要素の形状を保持して各外形寸法を1／5倍にした場合、機械設計の観点から検討すべき課題について、以下の問いに答えよ。　　　　　（H25−1）

(1) 想定する装置及び機械要素の内容を述べよ。

(2) 予想される技術的課題、並びに生産上の課題を述べよ。

(3) 課題を解決するための対応手段を述べよ。

○　市場のグローバル化、顧客ニーズの多様化が一段と進むなか、製品開発においては性能向上、開発スピードアップ、コストダウンなどが強く求められている。あなたが開発の責任者であるとして、機械設計の観点から、設計開発の期間短縮についてどのような取り組みが可能か、以下の問いに答えよ。　　　　　　　　　　　　　　　　　　　　　　　　　（H25－2）

(1) 開発の遅れが発生する設計起因の要因を述べよ。

(2) 要因ごとの発生原因を述べよ。

(3) 期間短縮のための具体的な方策と推進上の課題を述べよ。

○　人口の高齢化が一段と進むなか、製品開発においては誰にとっても利用しやすくするという考え方で、バリアフリーデザインやユニバーサルデザインの必要性が高まっている。あなたが新製品の開発の責任者であるとして、機械設計の観点から、これらの要求に対応するためにどのような取り組みが可能か、以下の問いに答えよ。　　　　　　　　　　　　（練習）

(1) 開発する製品の一例を挙げて、設計の進め方に関して、調査、検討すべき事項とその内容について説明せよ。

(2) 業務を進める手順について、留意すべき点、工夫を要する点を含めて述べよ。

(3) 業務を効率的、効果的に進めるための関係者との調整方策について述べよ。

○　信頼性は製品が満足すべき最も重要な項目の1つである。製品のライフサイクルを通じて、使用者の要求する機能を満足できるようにするため、機械設計の観点から検討すべき課題について、以下の問いに答えよ。

（練習）

(1) 設計段階において、故障が発生しないようにするため検討すべき項目を述べよ。

(2) (1) の項目に対して予想される技術的課題を述べよ。

(3) 課題を解決するための対応手段を述べよ。

○　製品の設計では、その都度、最初から設計を行うのではなく、適切な標準化を実施しておき設計の効率化を図ることが重要である。機械設計の観点から、設計の標準化についてどのような取り組みが可能か、以下の問いに答えよ。　　　　　　　　　　　　　　　　　　　　　　　　　　　　（練習）

(1) どのような項目を標準化すべきかを具体的に述べよ。

(2) 標準化を推進する際の阻害要因を述べよ。

(3) 標準化の阻害要因の対応策と推進上の課題を述べよ。

平成30年度試験までの受験申込み案内に示された選択科目の内容によると、機械設計での出題内容としては、「機械要素、トライボロジー、設計工学、設計情報学その他の機械設計に関する事項」となっていましたが、過去に出題された問題は設計工学に関連したものがほとんどでした。また、令和元年度試験からは、選択科目の内容が「設計工学、機械総合、機械要素、設計情報管理、CAD（コンピュータ支援設計）・CAE（コンピュータ援用工学）、PLM（製品ライフサイクル管理）その他の機械設計に関する事項」に変更になりましたが、出題された問題は2問とも設計工学に関連した問題でした。そのため、今後も設計工学に関連したものが多くなると考えます。

　機械設計では、現在の形式の試験問題が最初に出題された平成25年度から平成30年度試験まで毎年のように、製品開発に関する設計をテーマにした問題が出題されています。最初の平成25年度試験は1問でしたが、平成26年度は2問ともに新製品開発の設計に関連したものでした。その後の平成27年度から平成30年度試験も、基本的には、2問ともに製品開発の設計に関連した設問がなされています。

　平成27年度試験までは、時間短縮、技術的知識の伝承を進める取組み、初期段階での最適設計（フロントローディング）、環境配慮設計が出題されていました。平成28年度試験では、それまでになかった「開発する製品例を1つ挙げて」という設問が加わり、受験者に具体的な開発製品を指定させる問題が出題されています。その後の平成29年度と平成30年度試験でも同様に「製品例を1つ挙げて」という設問になっており、令和元年度試験でも、1問が同様の設問になっています。

　こういった出題形式のため、多くの問題で、記述ステップの最初に検討すべき事項や技術課題などを記述させる小設問が設けられています。この小設問の後で、検討すべき事項や課題に対する取組み内容、課題を解決する対策、取組を進める上で留意すべき事項を記述させる小設問を設けています。製品開発の設計を日ごろの業務で行っている受験者であれば、実際に行っている内容として解答できると思います。

　ただし、新製品の設計を対象とする問題が多いという点で、既設製品の設計を中心に行っている受験者の場合には、解答しにくい問題になっています。そのため、既設製品を設計している受験者は「新製品の開発をする場合にはどうすべきか」という視点で、現在の業務における変更点を事前に検討しておく必要があります。そのような準備がなければ、こういった問題に対して検討すべき事項や、技術的課題などが正確に把握できないため、解答内容の深さの点で十分な評価を得られる答案にはならなくなる可能性があります。

　本来、応用能力問題（Ⅱ－2）は、経験の深さを評価するための問題です。経験の深さは、単に受験者の業務経験年数によるのではなく、これまで経験してきた業務で、どれだけ技術者として本質を掴んで設計・計画を行ってきたかという点での評価です。そういった点で、検討すべき項目や技術課題をどれだけ把握できるのかは、重要な評価ポイントです。さらに、解答すべき内容の中に、新しい技術や社会的な動向を反映した内容を示さなければならないような問いがあります。このことから、最新の技術動向を知っていることが、評価を高めるポイントと考えなければなりません。そういった観点も含めて、事前の準備をする必要があります。このような傾向の問題が出題されているため、最終的には、その業務の留意点を示させて、経験の深さを再確認する小設問が設けられています。

　なお、機械設計では、平成30年度試験までは、応用能力として業務遂行手順を説明せよ、という問いの問題が少ないのが印象的です。この小設問があるのは、平成28年度試験のみです。また、業務で工夫した点を示せ、という小設問もあまり見られません。平成30年度試験までに機械設計で出題された問題では、検討すべき項目、技術課題と具体的な取組内容での留意点について重点的に問われていました。

　それが、令和元年度試験では、「業務遂行手順」および「業務で工夫した点」
を解答する項目があり、令和元年度試験の選択科目（II-2）の出題概念に示
された設問になっています。そのため、今後の出題もこういった設問が出題され
ると考えますので、これらの点が解答できるように勉強しておく必要があります。

(2) 材料工学

○　種々の製品について軽量化が求められている。使用材料として、従来の
　鋼より高強度な鋼、あるいは従来の鋼より比強度の高い金属材料や複合材
　料の適用が進められている。製品開発の責任者として、ある製品の大幅な
　軽量化を進める場合、機械設計の観点から下記の内容について記述せよ。

（H29-2）

　(1) 軽量化を進める製品を1つと、適用する具体的な材料を2つ挙げ、そ
　　の選定理由を述べよ。

　(2) (1) の事項のうち1つの材料について、設計において検討すべき事項
　　を述べよ。

　(3) (2) を進める上で留意すべき事項を述べよ。

○　様々な機械製品について、軽量化を目的に繊維強化プラスチック（FRP）
　活用の動きが活発化している。FRPを活用した製品開発の責任者として、
　機械設計の観点から下記の内容について記述せよ。　　　　（H28-2）

　(1) 開発する製品例を1つ挙げ、FRPの特性を考慮して、設計において検
　　討すべき事項を多面的に述べよ。

　(2) (1) の事項のうち1つについて、具体的に業務を進める手順を述べよ。

　(3) (2) の業務を進める上で留意すべき事項を述べよ。

○　家電、パソコンあるいは自動車など、リサイクル法が定められている製
　品が多くなってきており、機械設計の観点から、多くの部品類をリサイク
　ルして使用することも必要になっている。使用された材料まで含めてリサ
　イクルするには、製品の設計時に素材の選定を考慮することも重要になっ
　てくるが、どのような取り組みが可能か、以下の問いに答えよ。（練習）

　(1) 開発する製品例を1つ挙げ、素材の特性を考慮して、設計において検
　　討すべき事項を多面的に述べよ。

(2) (1) の事項のうち1つについて、具体的に業務を進める手順を述べよ。

(3) (2) の業務を進める上で留意すべき事項を述べよ。

　平成28年度と平成29年度試験では、材料の軽量化に関連した問題が出題されました。基本的には軽量化に伴う設計業務が問われている点から、設計工学にも関連していますので、設計工学の項目に入れることもできるのですが、あえて材料工学として分類しました。

　機械設計を実施する場合には、使用される環境や耐用年数を考慮して、どのような材料を選定するかを決めます。そのため、材料の知識がないと設計はできません。ただし、選択科目の「材料強度・信頼性」に機械材料があるので、材料そのものに関連する問題は、機械設計では出題されないですが、設計と関連した材料の問題は出題される可能性があります。

　材料工学として勉強しておく項目は、以下のようなものであると考えられます。

・従来使用している材料の軽量化、長寿命化、信頼性向上、リサイクルなどを考慮して、使用する材料を変更する場合に検討すべき設計上の課題、対策、業務手順など

・従来使用した材料で設計上のトラブルが発生したため、使用材料の特性を考慮した設計変更の課題、対策、業務手順など

・新素材として注目されている素材を使用して製品開発をする場合に、検討すべき設計上の課題、対策、業務手順など

(3) 設計情報学

○　近年、大量の設計データの統合管理による設計期間の短縮と品質向上を目的として、PDM（product data management）システムの活用が進んでいる。あなたが新製品開発チームの担当責任者としてPDMシステム活用を推進するに当たり、以下の問いに答えよ。　　　　　　　　　（H30-2）

(1) 製品例を1つ挙げ、その新製品開発にPDMシステムを有効に活用するために検討すべき項目を3つ挙げよ。

(2) 上記で挙げた3項目のうち1つについて、具体的な取組内容と期待す

　　　る効果を述べよ。

　（3）（2）で挙げた取組を進める際に留意すべき事項を述べよ。

○　CAD／CAM／CAEシステムは、製品開発をする際の重要なツールと
　なっている。あなたの専門とする製品分野・技術分野における製品開発担
　当責任者として業務を進めるに当たり、以下の問いに答えよ。　　（練習）

　（1）製品例を1つ挙げ、その新製品開発にCAD／CAM／CAEシステムを
　　　有効に活用するために検討すべき項目を3つ挙げよ。

　（2）上記で挙げた3項目のうち1つについて、具体的な取組内容と期待す
　　　る効果を述べよ。

　（3）（2）で挙げた取組を進める際に留意すべき事項を述べよ。

○　インターネット時代における設計情報の共有化について、あなたの専門
　とする製品分野・技術分野で担当責任者として業務を進めるに当たり、以
　下の問いに答えよ。　　　　　　　　　　　　　　　　　　　　（練習）

　（1）開発製品を具体的に1つ示し、設計情報の共有化に関して、検討すべ
　　　き項目を3つ挙げよ。

　（2）（1）の事項のうち1つについて、具体的に業務を進める手順を述べよ。

　（3）（2）の業務を進める上で留意すべき事項を述べよ。

　平成30年度試験で初めて「PDMシステム」の活用を推進する問題が出題さ
れましたが、令和元年度試験からは、選択科目の内容にPLMが追加されたこ
とから、今後はPDMと合わせてPLMに関連する出題が考えられます。

　また、平成30年度試験までに出題されているような、「製品例を1つ挙げて」
いう条件で、具体的な製品を受験者が選択して解答する問題が出題される可能
性はあると考えます。受験者の専門とする製品は簡単に解答できるでしょうが、
それ以外の製品に対するこのような設問への準備は別に行っておく必要があり
ます。

　設計情報学としては、設計情報の体系化、設計における情報管理、設計情報
の伝達、設計情報の変更管理、ソフトウェアの基盤技術、社内外を含めた関係
者との情報共有化などの出題が考えられますので、これらの項目についても勉
強しておいてください。

2. 材料強度・信頼性

「材料強度・信頼性」は、旧選択科目「材料力学」を継承しており、そこで出題されている問題は、材料力学、構造解析・設計、安全性・信頼性工学に大別されます。なお、解答する答案用紙枚数は2枚（1,200字以内）です。

(1) 材料力学

○ 機械構造物に荷重や変形が繰返し負荷されると、疲労き裂が発生、進展して破壊に至ることがある。この疲労破壊を防止するに当たり、以下の問いに答えよ。　　　　　　　　　　　　　　　　　　　　　　（H29－1）

(1) 疲労破壊を防止しなくてはならない機械構造物の部位を挙げ、その理由を述べよ。

(2) (1) で想定した部位が供用期間において疲労破壊が起きないようにするための対策について、技術的提案を述べよ。

(3) (2) の技術的提案の効果と想定されるリスクについて述べよ。

○ 工業製品の商品化には、適切な材料や物質を選択し、構成部品の製作と組み立てが必要である。工業製品の設計・製造・保守にあたり、以下の問いに答えよ。　　　　　　　　　　　　　　　　　　　　　　（H28－2）

(1) 具体的な工業製品を1つ挙げ、材料選択の要点を述べよ。

(2) (1) の想定される使用法から破損・破壊する事例をいくつか挙げよ。

(3) (2) の対策と効果について材料力学的観点から多面的に述べよ。

○ 機械構造物は長期間の稼動の後、各種の損傷により機能の喪失や破壊に至ることがある。これらの機械構造物の損傷事例について以下の問いに答えよ。　　　　　　　　　　　　　　　　　　　　　　　　　（H27－2）

(1) 具体的な機械構造物を想定し、損傷モードを挙げた上で、これに及ぼす材料力学的要因を多面的に述べよ。

(2) (1)で述べた項目の中から最も重要と思われる項目を挙げ、損傷を防止するための技術的提案を述べよ。

(3) (2)の技術的提案の効果と想定されるリスクについて述べよ。

○　機械・構造物の信頼性に関わる問題として疲労強度が挙げられる。疲労強度を上げるために残留応力を圧縮にするための3つの方法の概要と、その残留応力を評価する手法を示せ。また、あなたが担当する製品に適用する場合に最適な方法を理由を挙げて説明せよ。　　　　　　　（H25−2）

○　定期検査によって部材に亀裂が発見されたために、構造上の強度を材料力学的な観点から評価することになった。その担当責任者として業務を進めるに当たり、以下の問いに答えよ。　　　　　　　　　　　　　　　　（練習）

(1) 調査、検討すべき事項とその内容について説明せよ。

(2) 検討を進める業務手順について、留意すべき点、工夫を要する点を含めて述べよ。

(3) 業務を効率的、効果的に進めるための関係者との調整方策について述べよ。

○　機械設計においては、機械・構造物に生じる破壊・損傷様式を正しく予測し、機械・構造物で破壊損傷が発生しないように十分に材料力学的な観点から事前に検討することが重要である。機械製品が使用期間中に破壊・損傷しないように、あなたが材料強度の技術責任者であったとして、下記の内容について記述せよ。　　　　　　　　　　　　　　　　　　　（練習）

(1) 機械製品を選定し、その概要を示すとともに、材料力学の観点からどのような計算手法を採用するか、調査、検討すべき事項とその内容について説明せよ。

(2) 検討を進める業務手順について、留意すべき点、工夫を要する点を含めて述べよ。

(3) 業務を効率的、効果的に進めるための関係者との調整方策について述べよ。

　平成30年度試験までの受験申込み案内に示された選択科目の内容によると、材料力学での出題内容としては、「構造解析・設計、破壊力学、機械材料その

他の材料力学に関する事項」となっていましたが、過去に出題された問題は、これらがバランスよく毎年繰り返して出題されているように見受けられます。しかし、令和元年度試験で出題された内容には、材料力学に関するものはありませんでした。

　材料力学では、現在の形式の試験問題が最初に出題された平成25年度試験では、その前年に発生した、老朽化した設備の適切な点検を実施していなかったことによる災害に関して、構造強度の不具合と信頼性に関わる疲労強度をテーマにした問題が出題されています。また、平成29年度試験の問題では、業務内容の設定は変更されていますが、同様な疲労強度と破壊現象の問題が出題されています。しかし、その他の年度では、より広範囲の業務内容になっています。

　なお、材料力学に関連した問題は、平成27年度から平成29年度試験まで毎年1問題が出題されています。平成29年度試験までの問題の記述ステップの最初の小設問では、他の選択科目に見られるような「検討・調査すべき項目や検討課題」といったほぼ決まった項目ではなくて、毎年のように変更されていました。また、応用能力として業務遂行手順を説明せよ、という問いの問題が1つもないというのが印象的です。業務で工夫した点を示せ、という小設問も1つも見られませんでした。受験申込み案内に示された選択科目（Ⅱ－2）の出題概念では、これらの内容が留意すべき点とともに示されていますが、旧材料力学の場合には、これらの内容が出題されていないことになります。

　令和元年度試験からは、出題概念として「業務遂行手順」および「業務で工夫した点」を解答させる項目があります。そのため、今後の出題においてはこの内容が問われると考えますので、これらが解答できるように勉強しておく必要があります。

　本来、応用能力問題（Ⅱ－2）は、経験の深さを評価するための問題です。経験の深さは単に受験者の業務経験年数によるのではなく、これまで経験してきた業務内容です。よって、どれだけ技術者として本質を掴んで設計・計画を行ってきたかという点が評価されますので、受験者が今までの業務で経験してきたことを整理しておき、現状での課題や問題点を正確に把握して、それを改善するための対応策を考えておく必要があります。そういった点で、必ず検

討・調査すべき点や、その業務で特異な事項をどれだけ把握できるかは重要な評価ポイントです。さらに、記述すべき内容の中に、新しい技術や社会的な動向を反映したものを示さなければならないような設問があります。このことから、最新の技術動向を知っていることが評価を高めるポイントと考えなければなりません。また、世間をにぎわすような事故が発生した場合に、それが構造物の材料力学的な強度に関連するものであれば、問題のテーマとして取り上げられる可能性があります。そういった観点も含めて、事前の準備をしておく必要があります。

(2) 構造解析・設計

○　機械製品は供用開始後に故障が発生、さらには破損に至ることも想定される。このため、使用環境及び稼働状況に基づいた多くの配慮の他、適切な材料の選定が設計段階で必要である。機械製品の設計要求及び性能を確保するため、あなたが材料強度の技術責任者であったとして、下記の内容について記述せよ。　　　　　　　　　　　　　　　　　（R1−2）

(1) 機械製品を選定、その概要を示すとともに、設計に当たり「荷重」と「材料の強度」等には不確かさが存在することに関連して、調査、検討すべき事項とその内容について説明せよ。

(2) 検討を進める業務手順について、留意すべき点、工夫を要する点を含めて述べよ。

(3) 業務を効率的、効果的に進めるための関係者との調整方策について述べよ。

○　機械や構造物を構成する部品の設計・製造を行っている。その素材を海外から調達するとして、以下の問いに答えよ。　　　　　　　　（H30−1）

(1) 機械や構造物を構成する部品の設計条件を具体的に挙げ、海外の調達先から納入される素材について、強度の観点から検討すべき重要な項目を多面的に述べよ。

(2) (1) で述べた項目のうち最も重要と思われる項目を挙げ、品質管理の観点から必要な技術的提案を述べよ。

(3) (2) の技術的提案の想定される効果と懸念されるリスクについて述べよ。

○　材質が異なる材料から構成される機械や構造物を具体的に1つ想定し、以下の問いに答えよ。　　　　　　　　　　　　　　　　　　（H30－2）

(1) 想定した機械や構造物の用途について説明し、構成する材料の組合せを述べよ。

(2) (1) について、その材料の組合せを選択した理由を強度設計の観点から述べよ。

(3) (1) について、その機械や構造物を運用する上で留意すべき点を述べよ。

○　機械構造物は溶接や接合によって組み立てられることが多い。溶接構造物や接合構造物を製造、運転するに当たり、以下の問いに答えよ。

（H29－2）

(1) 溶接法や接合法として広く用いられている手法を3つ挙げ、それぞれの概要と特徴を述べよ。

(2) 溶接部や接合部の機械的特性に及ぼす要因を3つ挙げ、その特徴を説明せよ。

(3) (2) で挙げた要因のうち、1つについてその機械的特性を改善させる方法を述べよ。

○　機械構造物を小型化（又は軽量化）することとなり、あなたが業務の責任者となった。対象とする機械構造物を1つ想定し、以下の問いに答えよ。

（H27－1）

(1) 対象とした機械構造物の構造について説明し、小型化（又は軽量化）を進める上で、材料力学的な観点から検討すべき重要な項目を多面的に述べよ。

(2) (1) で述べた項目から最も重要と思われる項目を挙げ、小型化（又は軽量化）のための技術的提案を述べよ。

(3) (2) の技術的提案の効果と想定されるリスクについて述べよ。

○　幅が一定で、幅中央に一個の円孔を有する帯板が長さ方向に引張り荷重を受けるとして、下記2条件について生じ得る損傷や破壊現象を示すとともに、これらを防止する強度設計上の方策を述べよ。ただし、帯板の材料は延性材であるとし、その応力ひずみ挙動は弾完全塑性特性を示すものと

する。　　　　　　　　　　　　　　　　　　　　　　　　　（H26−2）

(1) 引張り荷重が単調増加する場合

(2) 引張り荷重の負荷及び除荷が繰り返される場合

○　新型の機械設備の開発プロジェクトにおける構造と強度設計の担当責任者として業務を進めるに当たり、下記の内容について記述せよ。（練習）

(1) 調査、検討すべき事項とその内容について説明せよ。

(2) 検討を進める業務手順について、留意すべき点、工夫を要する点を含めて述べよ。

(3) 業務を効率的、効果的に進めるための関係者との調整方策について述べよ。

○　高温・高圧のスチームを取り扱う機械設備の強度設計を行うことになった。その担当責任者として業務を進めるに当たり、下記の内容について記述せよ。　　　　　　　　　　　　　　　　　　　　　　　　　（練習）

(1) 機械製品を選定し、その概要を示すとともに、設計に当たり調査、検討すべき事項とその内容について説明せよ。

(2) 検討を進める業務手順について、留意すべき点、工夫を要する点を含めて述べよ。

(3) 業務を効率的、効果的に進めるための関係者との調整方策について述べよ。

平成25年度試験以降は、この項目の問題が、ほぼ毎年1問出題されています。令和元年度試験でもこの問題が1問題出題されています。平成26年度試験では「破壊現象を示してこれらを防止する強度設計上の方策」、平成27年度試験では「機械構造物を小型化又は軽量化する業務内容」、平成29年度試験では「溶接構造物や接合構造物を製造、運転する業務内容」、平成30年度試験では「材質が異なる材料から構成される機械や構造物の業務内容」、改正後の令和元年度試験では「使用環境及び稼働状況に基づいた配慮、材料選定を設計段階で行う業務内容」についての問題が出題されました。これらの問題内容をみると、幅広い項目についての設問に対応する必要があることを認識して勉強すべきであると思います。

本節の (1) の材料力学で記載したように、令和元年度試験からは、出題概念として「業務遂行手順」および「業務で工夫した点」がありますので、今後もこのような設問が出題されると考えます。

(3) 安全性・信頼性工学

○ 長年使用した機械構造物の保守担当責任者として、構造強度的な観点から継続使用の可否を判断する場合、下記の内容について記述せよ。

(R1－1)

(1) 調査、検討すべき事項とその内容について説明せよ。

(2) 検討を進める業務手順について、留意すべき点、工夫を要する点を含めて述べよ。

(3) 業務を効率的、効果的に進めるための関係者との調整方策について述べよ。

○ 機械構造物の機能損失を防ぐために、供用期間中に定期的な検査を実施することが重要である。あなたが強度的な観点から検査業務を進めるとした場合、以下の問いに答えよ。 (H28－1)

(1) 損傷の種類を3つ挙げ、それぞれに対応した検査方法について述べよ。

(2) (1) で挙げた検査方法のうち1つについて、強度的な観点から検査の間隔を決定する方法について述べよ。

(3) 検査の結果、合格基準を満足しなかった場合にとり得る方法について述べよ。

○ 機械構造物や機械部材に一定量以上の外力や変位が繰り返し負荷されると、構造物や部材に疲労き裂が発生し、一部のき裂は部材内を進展して構造物の機能を損なうことがある。 (H26－1)

(1) 疲労き裂が発生する可能性がある構造物の代表部位を、形状あるいは結合状態に着目して2つ挙げよ。また、これらの部位に着目した理由を述べよ。

(2) 疲労き裂の発生に関する評価手法、及び疲労き裂の進展に関する評価手法について述べよ。

○ 機械・構造物の保守点検作業は、その機械・構造物を健全に運用するた

めに重要な役割を果たす。機械・構造物における構造強度上の不具合は、主に継手及びその周辺部位で発生することが多い。継手を有する機械・構造物を想定し、その継手部分で起こり得る構造強度上の不具合を挙げ、さらにそれを防止するための保守、検査方法を説明せよ。　　（H25-1）

○　機械設備を安全に運用するには保守点検の業務が必要であるが、保守業務の担当責任者として業務を進めるに当たり、以下の問いに答えよ。

（練習）

(1) 保守計画を立案するに当たって調査、検討すべき事項とその内容について説明せよ。

(2) 検討を進める業務手順について、留意すべき点、工夫を要する点を含めて述べよ。

(3) 業務を効率的、効果的に進めるための関係者との調整方策について述べよ。

○　材料の劣化や強度低下による事故が発生したため、安全性の観点から原因を調査して、再発防止策を検討することになった。担当責任者として業務を進めるに当たり、以下の問いに答えよ。　　　　　　　　（練習）

(1) 調査、検討すべき事項とその内容について説明せよ。

(2) 検討を進める業務手順について、留意すべき点、工夫を要する点を含めて述べよ。

(3) 業務を効率的、効果的に進めるための関係者との調整方策について述べよ。

　平成25年度試験では、その前年に発生した老朽化した設備の適切な点検を実施していなかったことによる災害に関して、構造強度の不具合と信頼性に関わる疲労強度を業務内容にした問題が出題されていました。その後、平成26年度試験では「疲労き裂が発生する可能性がある構造物の代表部位と、疲労き裂の発生に関する評価手法、疲労き裂の進展に関する評価手法」、平成28年度試験では「機械構造物の機能損失を防ぐために、供用期間中の定期的な検査方法」、改正後の令和元年度試験では「長年使用した機械構造物を保守して、構造強度的な観点から継続使用の可否を判断する方法」についての問題が出題さ

れました。

　これらの問題内容をみると、検査技術のみならず、幅広い項目についての設問に対応できることを認識して勉強する必要があると思います。特に、安全性と信頼性に関する手法については勉強しておく必要があります。

　また、本節の（1）の材料力学で記載したように、令和元年度試験からは、出題概念として「業務遂行手順」および「業務で工夫した点」がありますので、実際に業務を遂行する時の手順など、日常業務に直結して解答ができるようにしておいてください。

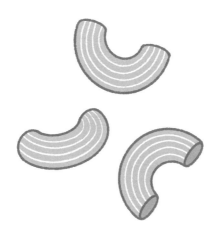

3. 機構ダイナミクス・制御

　「機構ダイナミクス・制御」は、旧選択科目「機械力学・制御」、「交通・物流機械及び建設機械」、「ロボット」、「情報・精密機器」が統合された形になっており、それらで出題されている問題は、機械の振動・騒音、制御工学、ロボット工学、交通・物流機械、情報・精密機器に大別されます。なお、解答する答案用紙枚数は2枚（1,200字以内）です。

　下記に示す問題末尾の（　）内の出題年度の前に付けた文字は、次の旧選択科目の問題であることを示します。

　　機：機械力学・制御、交：交通・物流機械及び建設機械、

　　ロ：ロボット、情：情報・精密機器

(1) 機械の振動・騒音

○　実験装置の老朽化、出力不足に対応するために新たに高出力の動力制御機械装置を導入することになった。設立当初の近隣環境は田園地帯であったが、最近では、すっかり住宅地化し振動・騒音に対する要求も厳しくなっている。あなたがこの高出力の動力制御機械装置を導入するプロジェクトの総責任者として進めるに当たり、下記の内容について記述せよ。

　　　　　　　　　　　　　　　　　　　　　　　　　　　　　（R1-1）

　(1) 調査、検討すべき事項とその内容について説明せよ。

　(2) 業務を進める手順について、留意・工夫を要する点を含めて述べよ。

　(3) 業務を効率的、効果的に進めるための関係者との調整方策について述べよ。

○　複合化・高機能化が進められ、構造が複雑になった工作機械を工場に導入した結果、導入した工作機械に振動問題が生じた。そこで、あなたが責任者としてこの振動問題を解決することとなった。このような状況におい

て、以下の問いに答えよ。 （機H30－1）

(1) 考えられる振動問題を2つ挙げ、それぞれの振動問題について、調査
　　方法を含めてその発生要因を述べよ。

(2) (1) で挙げた振動問題から1つ選び、その振動対策方法を具体的に述
　　べよ。

(3) (2) の業務を実際に進める際に留意すべき事柄を述べよ。

○　工場内で運転中の大型の回転機械がある。しかし、異常振動に関する状
　　態監視及び診断のシステムが十分には備えられていないため、新たにその
　　ようなシステムを追加することになった。あなたが、導入するシステム設
　　計の担当責任者として業務を進めるに当たり、以下の問いに答えよ。

　　　　　　　　　　　　　　　　　　　　　　　　　　　　（機H29－1）

(1) 既設の回転機械に追加することを念頭において、状態監視及び診断の
　　システムを設計するに当たり、調査・検討すべき項目を具体的に3点述
　　べよ。

(2) (1) で述べた項目から1点を挙げ、調査・検討内容を具体的に述べよ。

(3) (2) の業務を実際に進める際に留意すべき事柄を述べよ。

○　ある工作機械を用いて機械部品の大量生産を行っている機械工場がある。
　　ただ、実際の生産においては有害な振動発生により不良品が発生している
　　ことから、将来を見据えた根本的な改善のための検討チームが結成され、
　　あなたはその検討チームのリーダを任されることとなった。このような状
　　況において、次の各問いに解答せよ。ただし、ここでは具体的な工作機械
　　を1つ想定して解答せよ。 （機H28－1）

(1) 有害な振動を低減するために検討すべき事柄を多面的な観点から述べ
　　よ。

(2) 有害な振動発生事例を1つ挙げて、それを解決するための技術的提案
　　を述べよ。

(3) (2) で提案した技術的提案の効果、評価、問題点等について述べよ。

○　あなたの会社において、機械部品を大量生産する新たな機械工場を稼働
　　させることになった。そして、この機械工場に導入する工作機械の設置及
　　び運用について検討を進めることになり、あなたは振動・騒音に関わるト

ラブルを低減する検討チームのリーダーになった。どのような機械部品を生産するための工作機械なのか具体的な例を1つ挙げて、以下の問いに答えよ。　　　　　　　　　　　　　　　　　　　　　　　（機H27−1）

(1) 導入する工作機械を用いた大量生産において、発生が想定される振動に関わるトラブルを、多面的な観点から挙げて述べよ。

(2) (1)で述べたトラブルについて、自分の専門分野及びその関連分野の立場で最も重要と考える問題を1つ挙げ、その問題を解決するための技術的解決策を提案せよ。

(3) (2)で提案した技術的解決策のリスク及び留意点について述べよ。

　平成30年度試験までの「機械力学・制御」、「交通・物流機械及び建設機械」、「ロボット」、「情報・精密機器」という4つの選択科目が、令和元年度試験からは「機構ダイナミクス・制御」という1つの選択科目に統合されました。また、令和元年度試験から選択科目の内容は、「機械力学、制御工学、メカトロニクス、ロボット工学、交通・物流機械、建設機械、情報・精密機器、計測機器その他の機構ダイナミクス・制御に関する事項」となり、自分が専門とする機械装置の機構ダイナミクス・制御に関する知識と経験を問われることになりました。

　令和元年度試験の問題は、新たに導入する高出力の動力制御機械装置に対する住宅地を対象とした振動・騒音要求への対応と、各種機械製品における火災発生リスクへの対応でした。いずれも、自分で選んだ機械装置を対象に、設問に対する詳しい記載が求められています。平成30年度試験以前の問題も同様の形式であり、今後も、指定された技術課題に対して、自分が専門とする流体機械を選び、詳述する問題が出題されるものと考えます。過去の試験問題を分析すると、機械の振動・騒音への対応、装置の温度制御・位置決めなどの制御に関するもの、ロボット特有の問題、自動運転、軽量化・省ネルギー、安全とリスク回避、装置の小型化・低コスト化、品質管理など、多岐にわたる問題が出題されており、的を絞り込むのが難しいといわざるを得ません。したがって、自分が専門とする装置や機械を対象に、振動・騒音、運転制御を中心に、多くの技術課題に対応できるようにしておく必要があります。

　機械の振動・騒音については、通常の要求に加えて、住宅地などへの厳しい

環境要求への対応、早期問題発見のための診断システム、振動による不良品発生の解決、振動・騒音トラブル発生頻度の低減などの問題が過去に出題されています。これらの過去の出題傾向を参考に、自分の専門とする機械や装置を対象に検討しておく必要があります。

　平成30年度試験までの出題では、選択した機械や装置の特徴を説明し、技術課題を示し、その解決策を示す設問が多く出題されていましたが、令和元年度試験の出題では、これに加えて、業務を効率的・効果的に進めるための関係者との調整方策について述べよとの設問が加わりました。開発に当たって、社内外の関係者との各種調整が考えられますので、要点を絞って記載できるように準備しておく必要があります。

(2) 制御工学

○　あなたの会社はゴミ焼却プラントを運用している。これまでは、焼却炉内の温度のみを制御量とし、PID制御によって空気を送り込むバルブの開度を調整してプロセス制御を実現していた。しかし、システム全体の性能向上をはかるため、フィードバック制御の適用を検討することとなり、あなたが検討チームのリーダーとなった。実際の運用における制約条件や評価指標を適当に設定し、以下の問いに答えよ。　　　　　（機H27－2）

(1) フィードバック制御系を適用する場合に検討すべき点を2点挙げ、それぞれを説明せよ。

(2) (1)で挙げた検討点の中で、自分の専門分野及びその関連分野の立場で最も重要と考える問題を1つ挙げ、その問題を解決するための技術的解決策を提案せよ。

(3) (2)で提案した技術的解決策のリスク及び留意点について述べよ。

○　サーボ制御を用いて電動式ロボット・アームを制御するに当たり、位置決め精度あるいは追従精度を改善しようとして位置比例ゲイン（位置偏差に対するモータ印加電圧の比例係数）を大きくしたところ、振動が発生して動作が不安定になってしまった。そして、この問題を解決するため、機械力学・制御を専門とする技術士としてあなたがこの問題に取り組むこととなった。このような状況において、以下の問いに答えよ。（機H25－2）

(1) 問題解決のため調査・検討すべき項目を3点述べよ。

(2) (1)で挙げた項目から問題解決のために最も効果が期待できると考えられる要因を1点挙げ、具体的に進める技術的提案を述べよ。

(3) (2)の業務を実際に進める際に留意すべき事項を述べよ。

　制御工学の問題は、平成30年度試験までは「機械力学・制御」の選択科目で出題されていましたが、令和元年度試験からは、選択科目の名称が「機構ダイナミクス・制御」となっている点からも、この選択科目で制御工学の問題が出題される可能性は高いと考えます。

　これまでの試験では、一般的なプロセス制御（運転制御）の問題、および位置決め制御の問題が出題されていましたが、これらの問題に加えて、制御能力・信頼性を上げるためのセンサ・状態監視、アクチュエータの高精度化、AI（人工知能）による学習機能を利用した制御方法などが出題される可能性がありますので、それらについても対応を考える必要があります。

(3) ロボット工学

○　機械部品を大量に生産する工場において、ロボットアームの利用は不可欠である。今回、生産プロセスにロボットアームを導入することになり、作業チームを結成して、まず作業効率の向上について検討することになった。以下の問いに答えよ。　　　　　　　　　　　　　　（機H29-2）

(1) 作業効率の向上を踏まえて、調査・検討すべき項目を具体的に3点述べよ。

(2) (1)で述べた項目から1点を挙げ、調査・検討内容を具体的に述べよ。

(3) (2)の業務を実際に進める際に留意すべき事柄を述べよ。

○　自動車の分野では、様々なサブシステムの電子制御化が拡大してシステムが複雑化した結果、開発の効率化や品質向上を目的にしてモデルベース開発（MBD：Model Based Development）が導入されている。ロボット開発においてMBDを適用する場合、どのような取組が可能かについて、以下の問いにしたがい答えよ。　　　　　　　　　　　　（ロH30-2）

(1) モデルベース開発について、導入が進められた背景とその概要を述べ

よ。

(2) モデルベース開発をロボット開発に適用した場合、開発の各工程でどのような手法が導入可能かを具体的に述べよ。

(3) モデルベース開発を導入することにより期待される効果と、予想されるリスクについて述べよ。

○ 工場の生産現場において、ベルトコンベアにより搬入される異種混合部品に対して、ロボットを用いてピック・アンド・プレース作業を行うシステムを新たに設計することになった。各部品を選別し、部品ごとの異なるパレットに整列して搭載する。この作業に必要なセンサの選定に当たって留意すべき事項について、以下の問いに答えよ。　　　　　（ロ H29－1）

(1) ピック・アンド・プレース作業の内容（条件、仕様など）の中で、センサの選定に際して重要と考える項目を2つ挙げよ。

(2) (1)で挙げた項目を考慮して、センサを選定する場合の手順、方法について説明せよ。

(3) (2)の手順、方法に基づき選定したセンサを用いて、このシステムを設計する場合に、留意すべき事項を述べよ。

○ 近年、製造現場のみならず、公共の場や家庭内などで使用されるロボットについても実用化が進んでおり、人間と共存するロボットが現実のものとなっている。このようなロボット・システムを構築するに当たって留意すべき事項について、以下の問いに答えよ。　　　　　（ロ H29－2）

(1) 人とロボットが作業空間を共有して同時に動作するシステムを、製造現場と非製造現場それぞれで1つずつ挙げ、その利点を述べよ。

(2) (1)で挙げたシステムの1つを選び、そのシステムに潜む危険性を2つ挙げよ。

(3) (2)で挙げた危険性を回避又は低減するために、それぞれどのような対策が考えられるかを述べよ。

平成30年度試験までは、ロボットが1つの選択科目としてあったため、ロボット固有の問題が過去に出題されましたが、令和元年度試験では機構ダイナミクス・制御に統合されたため、ロボット固有の問題が出る可能性は低いと考

えます。しかし、「機械力学・制御」でもロボットに関する問題は出題されていましたので、今後も何らかの形で、ロボットに関する問題の出題はあると考えます。実際に、位置決め制御の問題、人間との共存、環境への配慮、高効率化・生産能力向上（ロボット機構の応用）などは、多くの機械や装置共通の技術課題であり、これらの技術課題に対して自分が専門とする機械や装置への対応を考えることをお勧めします。

（4）交通・物流機械

○　交通機械、産業機械、情報機器、家電機器などの各種機械製品において、当該機械製品より火災が発生することは様々な問題を引き起こす。あなたが機械製品の開発責任者として業務を進めるに当たり、これらの機械製品からの火災発生リスクに関して、下記の内容について記述せよ。

（R1－2）

(1) 調査、検討すべき事項とその内容について説明せよ。

(2) 業務を進める手順について、留意・工夫を要する点を含めて述べよ。

(3) 業務を効率的、効果的に進めるための関係者との調整方策について述べよ。

○　ここ数年、自動車の自動運転技術の実際の普及には目を見張るものがある。そして、現在実装されている自動運転システムの多くは、運転者の様々なミスを事前に検知し、それを自動的に安全側の運転に補正するものが大半を占めている。このような背景から、次世代自動運転システム開発のための開発チームが新たに結成され、あなたがその責任者を務めることとなった。あなたが新たな開発を進めるに当たり、以下の問いに答えよ。

（機H30－2）

(1) 今後の新たな自動運転システムを1つ具体的に提案し、それを実現するために解決すべき課題点を、今後の社会変化を踏まえて、多面的に述べよ。

(2) (1) で挙げた課題から1つ選び、それを解決するための技術的提案を述べよ。

(3) (2) の技術的提案を進める際に留意すべき事柄を述べよ。

○ 物流拠点から各家庭へ宅配便貨物を届けるドローンを設計することになった。通常の住宅地上空を飛行するため、安全の確保は必須である。その際に実施すべきリスクアセスメントについて、次の問いにしたがい答えよ。ただし、航空法等の規制は考慮しないものとする。 （ロH30−1）

(1) 重要と思われる危険源を3つ挙げよ。

(2) (1)で挙げた危険源について、人間が被る可能性のある危害の程度とその危害の発生確率とを評価し、最も重要なリスクを1つ特定せよ。

(3) (2)で特定した最も重要なリスクについて、具体的なリスク低減措置を述べよ。

○ 近年、高速道路等社会基盤における劣化現象が問題になり長期耐久性に注目が集まっている。繊維強化複合材料を含む高分子材料においても金属材料とは異なる劣化現象による強度低下が存在し、その対策が求められている。このような状況において、以下の問いに答えよ。 （交H30−2）

(1) 高分子材料の自然環境下における劣化現象を3つ挙げよ。

(2) (1)で挙げた項目から1つを選択し、具体的な内容を説明し、その評価手法並びに防止技術手法を述べよ。

(3) (2)の劣化防止技術において遂行する際に留意すべき事項を述べよ。

○ 近年、交通・物流及び建設機械において、消費エネルギーの削減あるいはランニングコストの抑制等のため、製品の軽量化は重要である。軽量化を実現する際に、構造の最適設計が求められている。このような状況において以下の問いに答えよ。 （交H29−2）

(1) 軽量化につながる構造の最適設計技術の活用手法について述べよ。

(2) 具体的な機器を設定し、その最適設計手法を用いた設計手順を述べよ。

(3) (2)における留意事項について述べよ。

　平成30年度試験までは、交通・物流機械が1つの選択科目であったため、交通・物流機械固有の問題が過去に出題されましたが、令和元年度試験では「機構ダイナミクス・制御」に統合されたため、交通・物流機械固有の問題が出題される可能性は低いと考えます。しかし、交通・物流機械は、平成30年度試験までの4つの選択科目では、最大の受験者数の選択科目でしたので、「機構ダイ

ナミクス・制御」という選択科目になった現在でも、受験者数の比率は高いと考えられます。そのため、交通・物流機械を含めた形で、広い範囲の機械を対象にした問題が出題されると考えられます。実際に令和元年度試験でもそういった形式の問題が1問出題されていますので、これを参考にして、出題の可能性が高い事項を検討しておく必要があります。具体的には、過去に出題された、火災、安全、自動化、軽量化、耐久性向上、省エネルギーなどは、多くの機械や装置共通の技術課題であり、これらの技術課題に対して自分が専門とする機械や装置への対応を考えることをお勧めします。

(5) 情報・精密機器

○　個人が使用する情報・精密機器（コンシューマー製品）においては、小型化・低コスト化が常に求められている。あなたが既存の情報・精密機器の小型化・低コスト化設計をする立場にあるとして、以下の問いに答えよ。

（情H30－1）

(1) コンシューマー製品の小型化・低コスト化を進めるに当たって考慮すべき項目を3つ挙げて解説せよ。

(2) (1) で挙げた3項目について、課題を解決するために検討すべき方法、内容を挙げよ。

(3) (2) の業務を実際に進める際に留意すべき事項を述べよ。

○　近年、スマートスピーカーやスマートディスプレイなどのスマートデバイス（スマート家電）が家庭内の新たな情報機器として注目されている。あなたが家庭内で使用する新しいスマートデバイスを開発する立場になったとして、以下の問いに答えよ。

（情H30－2）

(1) 家庭内で使用するスマートデバイス開発に際し特に注意すべき項目を理由とともに3つ挙げよ。

(2) (1) で挙げた項目から1点を選び、対策を具体的に述べよ。

(3) (2) の業務を実際に進める際に留意すべき事項を述べよ。

○　製品開発においてユーザーニーズ主導の製品開発（マーケットイン）と技術シーズ主導の製品開発（プロダクトアウト）のどちらを採用すべきか、という議論がしばしばなされている。マーケットインを志向すべきという

意見が強いが、「消費者は自分の欲しいものを知らない」といった意見もあり、情報・精密機器ではプロダクトアウトによる提案型の製品が消費者に受け入れられる場合もある。あなたが主にプロダクトアウトの立場から製品の飛躍的な性能向上をセールスポイントとした新たな機器の開発を統括する立場にあるとして、以下の問いに答えよ。　　　　　（情H28－1）

（1）開発において特に注意すべき項目を3点、理由とともに挙げよ。

（2）（1）で挙げた3項目のそれぞれに対して、対応・解決するための方法を挙げよ。

（3）（2）の業務を実際に進める際に留意すべき事項を述べよ。

○　情報・精密機器の開発において、初期の量産過程で不良率が高止まりし、歩留まりが向上しない場合がある。あなたがこの不良率改善の技術的対策を統括する立場にあるとして、以下の問いに答えよ。　　　　　（情H28－2）

（1）不良率改善の技術的対策をするために、調査・検討すべき項目を3点述べよ。

（2）（1）で挙げた項目から、最も重要であると考えられる項目を1点挙げ、それによって明らかとなる不良の原因の例と対策を具体的に述べよ。

（3）（2）の業務を実際に進める際に留意すべき事項を述べよ。

　平成30年度試験までは、情報・精密機器が1つの選択科目であったため、情報・精密機器固有の問題が過去に出題されましたが、令和元年度試験では機構ダイナミクス・制御に統合されたため、情報・精密機器固有の問題が出る可能性は低いと考えます。ただし、情報・精密機器の持つ機能は、多くの機械や装置で用いられていますので、形を変えて出題される可能性はあると考えます。過去に出題された、小型化、低コスト化、生産性向上、マーケティング、スマートデバイスの応用は、多くの機械や装置共通の技術課題であり、これらの技術課題に対して自分が専門とする機械や装置への対応を考えることをお勧めします。

4. 熱・動力エネルギー機器

　「熱・動力エネルギー機器」は、旧選択科目「動力エネルギー」と「熱工学」が統合された形になっており、それらで出題されている問題は、熱システム、空調機器、ボイラ、再生可能エネルギー、未利用エネルギー、トラブル対応に大別されます。なお、解答する答案用紙枚数は2枚（1,200字以内）です。

　下記に示す問題末尾の（　）内の出題年度の前に付けた文字は、次の旧選択科目の問題であることを示します。

　　動：動力エネルギー、熱：熱工学

（1）熱システム

○　石油化学工場で、石油精製工程から得られた副生ガス（主成分：水素、副成分：一酸化炭素）を利用した発電設備導入を計画している。技術責任者として、本工場で使用する発電システム選定も含めた設備導入の計画業務を進めるに当たり、下記の内容について記述せよ。　　　　　（R1−1）

　(1) 調査、検討すべき事項とその内容について説明せよ。

　(2) 導入する発電システムを1つ選定し、業務を進める手順について、留意すべき点、エネルギーの有効利用の観点から工夫を要する点を含めて述べよ。

　(3) 業務を効率的、効果的に進めるための関係者との調整方策について述べよ。

○　ヒートポンプは、熱媒体や半導体などを用いて低温部分から高温部分へ熱を移動させる技術である。ヒートポンプは、その特長から多くの産業分野で活用されている。ヒートポンプの特長を踏まえ、以下の問いに答えよ。

　　　　　　　　　　　　　　　　　　　　　　　　　　　　　　（熱H30−2）

　(1) 高温側の熱を利用する場合において、ヒートポンプの特長を他の技術

と比較して説明せよ。

(2) (1) の観点からヒートポンプが利用されているシステムを1つ挙げ、その普及状況を示すとともに、更なる普及のための技術的課題を2つ挙げて説明せよ。

(3) (2) で挙げた課題に関し、そのシステムの特徴を踏まえて、その技術的解決策を説明せよ。

○　レストラン・売店等の商業施設とオフィスが入る大規模ビルに、熱電併給コジェネシステムを新設するプロジェクトにおいて、熱設計の責任者として参画することになった。コジェネ設備の計画について、以下の問いに答えよ。 （熱H28－2）

(1) 採用可能な熱電併給コジェネシステムを複数挙げ、それらの概要を説明せよ。

(2) (1) で挙げたシステムのうち1つを選び、業務を進める手順を説明せよ。

(3) エネルギー有効利用の観点から考慮すべき項目と、システムの信頼性確保のための方策について、多面的に説明せよ。

　ここでは、熱システムとして、選択科目の内容に示された、熱力学、伝熱工学、燃焼工学を合わせた熱工学と熱交換器、燃料電池などの内容を合わせたものを集めてみました。過去に出題されている内容としては、家庭用冷蔵庫の断熱計画や、事業所・商業施設・事務所用施設に用いられるコジェネレーションシステムの計画、化石燃料の燃焼による低窒素酸化物の燃焼技術などの問題が出題されています。それに加えて、燃料電池やヒートポンプというような、エネルギー効率の高い機器に関する問題も出題されています。そういった点で、環境に優しい燃焼技術や効率の高いエネルギー機器などに関する問題が、この項目では出題されると考えるとよいでしょう。そういった機器や技術は日々進化していますので、新たな技術が発表された場合には、この項目に関する問題が出題されると考えて、新聞や雑誌等の内容を確認しておくことをお勧めします。

(2) 空調機器

○　あなたは、25年前に設置された精密機器部品製造工場の冷暖房空調設備に関して、電力使用量削減のために省エネルギーシステム導入の担当責任者となり、冷暖房空調設備を更新することになった。設備更新業務を進めるに当たり、下記の内容について記述せよ。　　　　　　　　(R1−2)

(1) 調査、検討すべき事項とその内容について説明せよ。

(2) 業務を進める手順について、留意すべき点、工夫を要する点を含めて述べよ。

(3) 業務を効率的、効果的に進めるための関係者との調整方策について述べよ。

○　情報化社会の到来により、データセンタの重要性は日々高くなっている。データセンタは多くのコンピュータを使用する性格上、その発熱に対応するため空調設備などが強化されている。また、災害などの不測の事態にもサービスの提供に極力支障が出ないよう、電源の多重化などの多くの対策が施されている。このようなデータセンタの特徴を踏まえ、熱システム設計者としてデータセンタを設計及び運用するうえで、以下の問いに答えよ。

　　　　　　　　　　　　　　　　　　　　　　　　　(熱H29−2)

(1) データセンタを効率よく運用するうえで、省エネルギー化につながる技術を3つ挙げて説明せよ。

(2) (1) で挙げた技術に関し、データセンタを安定運用するうえで、コストの観点からそれぞれのメリット、デメリットを多面的に説明せよ。

(3) データセンタにおいて、将来有望と考えられる新技術を1つ挙げ、その内容と実用化に向けた技術的課題を述べよ。

○　データセンターの建設プロジェクトに熱システムの担当責任者として参画することになった。熱システムを計画するに当たり、以下の問いに答えよ。　　　　　　　　　　　　　　　　　　　　　　　(熱H27−2)

(1) 計画するに当たって検討すべき重要な項目を多面的に述べよ。

(2) エネルギーの有効利用（また同時に機器の信頼性確保）の観点から工夫すべき事項を述べよ。

(3) (2) を進めるに当たっての問題点とリスクについて述べよ。

○　人が熱的に快適と感じることは、空気調和の重要な目的の1つである。周囲環境と人との熱収支が、一定の範囲であると熱的に快適であるとされる。以下の問いに答えよ。　　　　　　　　　　　　　　（熱H26－1）

(1)　熱収支の影響因子である周囲環境側の条件について述べよ。

(2)　熱収支の影響因子である人間側の熱的条件について述べよ。

(3)　省エネルギーを図りつつ、熱的快適性を満足させるためには、どのような手段があるかについて述べよ。

　空調機器は、社会で広く使われている設備で、エネルギー消費量の面からも多くの利用がなされている設備であることは間違いありません。そのため、省エネルギーの視点からの記述が求められる問題と考えて、基本的な内容を知識として収集しておく必要があります。また、最近の情報化社会においては、データセンターにおける電力消費量の多くを情報機器とその冷却設備である空調機器で消費しているのも事実ですので、熱計画をしっかり行わなければならない内容といえます。また、空調機器は、人間の感性によって快適性を判断される場合も多く、その性能評価が個人差によって大きく変わる設備でもあります。そういった特性を持っているため、問題点やリスクに関して設問を作りやすい項目ともいえます。

(3)　ボイラ

○　あなたがエネルギー責任者を務める工場では、都市ガスを燃料とするボイラで蒸気を製造し、外部から購入した電力とともに生産現場に供給している。自然災害を含む大規模災害に備え、被害や影響を最小限とするため、設備の安全性・保全性の強化を行う防災計画を作成することとなった。そこで、防災計画の作成責任者として以下の問いに答えよ。（動H30－1）

(1)　大規模地震のあと津波が襲来するという災害を想定し、工場の主要設備に生じる恐れのあるリスク（被災内容と影響）を列挙せよ。

(2)　防災計画の作成に先立ち、工場設備に関して調査、検討すべき事柄を述べよ。

(3)　あなたが提案する防災計画の内容（主要項目）と、計画を実行する上

で留意すべき事項を述べよ。

○　主要産業が農業・林業である地域の工場で、木質系バイオマス利用による直接燃焼発電プロジェクトを実施することになり、あなたはその計画責任者になった。そこで、計画責任者として、以下の問いに答えよ。

（動H29−2）

（1）あなたが計画した直接燃焼発電プロジェクトの計画策定に先立ち調査すべき項目を述べよ。

（2）あなたが計画した直接燃焼発電に用いられるボイラに求められる技術的要件と現在普及している水管ボイラの特徴を述べよ。

（3）環境保全対策として留意すべき事項を述べよ。

○　ボイラの燃料転換を行うプロジェクトの計画担当責任者として業務を進めるに当たり、以下の問いに答えよ。　　　　　　　　（動H27−2）

（1）想定する燃料転換の目的と内容について述べよ。

（2）業務を行うに当たって検討すべき課題を挙げよ。

（3）上記（2）の課題のうち、最も重要と思われる課題について、留意すべき点を述べよ。

　ボイラは、発電所だけではなく、工場や事務所ビルなどでも広く使われている熱エネルギー発生設備になります。ボイラは、使われる燃料によって求められる技術的要件も違ってきますので、広く知識を吸収しなければならない項目といえます。また、後述する未利用エネルギーの活用においても、適切な特性を持ったボイラの採用などを検討しなければなりませんので、問題として出題しやすい項目といえます。なお、過去には「動力エネルギー」の選択科目の問題として多く出題されていましたが、燃焼工学が含まれる熱工学としても知っておくべき知識ではありますので、今後も出題の可能性はあると考えておく必要があります。

（4）再生可能エネルギー

○　再生可能エネルギーの利用拡大が注目を集める中、バイオマスや風力等、種々の再生可能エネルギー発電設備の導入が検討されている。あなたは風

力発電事業の検討を行う技術責任者に任命されたとして、以下の問いに答えよ。　　　　　　　　　　　　　　　　　　　　　　（動H30－2）

(1) 導入検討の際に調査すべき内容について述べよ。

(2) 風力発電の仕組みと設備の概要について述べよ。

(3) 風力発電設備導入の際に考慮しなければならない社会条件について述べよ。

○　再生可能エネルギーの利用拡大が政策として取り上げられ、再生可能エネルギー発電設備の導入が検討されている。あなたは、新規坑井掘削を伴う小規模地熱発電としてバイナリー発電の導入検討を行う技術責任者に任命されたとして、以下の問いに答えよ。　　　　　　　（動H29－1）

(1) 導入検討の際に調査すべき内容は何かについて述べよ。

(2) あなたが選んだバイナリー発電の仕組と設備の概要について述べよ。

(3) 地熱開発によって想定される影響項目について述べよ。

○　太陽熱利用システムは、再生可能エネルギーを利用するシステムの1つであるが、広く普及しているとは言い難い状況にある。太陽熱利用システムについて、以下の問いに答えよ。　　　　　　　　（熱H29－1）

(1) 太陽熱利用システムを3つ挙げて説明せよ。

(2) (1) で挙げた太陽熱利用システムの普及状況を示し、更なる普及のための技術的解決策をそれぞれ1つ挙げて説明せよ。

(3) 太陽熱利用システムのうち太陽熱発電システムについて、電力安定供給に貢献するシステム構成を1つ挙げて説明せよ。

○　近年、再生可能エネルギーによる発電も含めた熱利用システムの導入が全国で検討されている。月曜日の12時から金曜日の12時まで操業している工場から200℃程度の廃熱と、隣接する温浴施設から100℃程度の源泉が利用できる場合、両者を利用して、あなたはどのような発電システムを計画するか、プロジェクト計画の責任者として以下の内容について記述せよ。　　　　　　　　　　　　　　　　　　　　　　（動H28－1）

(1) 廃熱利用及び源泉利用の留意点

(2) 計画策定にあたって収集すべき情報

(3) あなたが計画する発電システムの内容

○　我が国の乏しいエネルギー資源の中で、太陽エネルギーは環境的に影響が少なく優れたエネルギー資源である。工場における太陽エネルギーの活用計画を立案することになったとして、以下の問いに答えよ。

（熱H27-1）

(1) 太陽エネルギーを直接活用する技術を2種類挙げて、その内容とそれぞれの特長について述べよ。

(2) 太陽エネルギー導入計画の立案に当たり、検討すべき工場の現状データ及び太陽エネルギー設備建設に関し把握すべき事項について述べよ。

(3) 太陽エネルギー設備の運営上の問題点と、考えられるバックアップ・システムについて述べよ。

再生可能エネルギーは、統合前の選択科目の「動力エネルギー」だけではなく、「熱工学」でも出題されていましたので、過去の出題数が最も多い項目といえます。内容としては、太陽エネルギーや風力発電、地熱発電などの自然エネルギーを活用したものだけではなく、木質バイオマスなどの燃焼によってエネルギーを発生させるものもあります。平成30年に公表された第五次エネルギー基本計画でも再生可能エネルギーは主力エネルギーをして位置づけされていることから、今後も出題される可能性が高い項目といえます。ただし、再生可能エネルギーといわれる技術やエネルギー源の種類は多いので、勉強しなければならない内容は多いという点を認識して対応する必要があります。

(5) 未利用エネルギー

○　地球温暖化抑制策として、熱機関の効率向上や省エネルギーの取組に関心が高まっており、その中で、未利用熱エネルギーを活かすことも求められている。広域に低質な状態で分散している未利用熱エネルギーの利用には、蓄熱、熱マネジメント、熱回収技術などが重要である。これについて、以下の問いに答えよ。

（熱H30-1）

(1) 未利用熱エネルギーを1つ挙げ、その特徴を説明せよ。

(2) (1)で挙げた特徴を考慮した未利用熱エネルギー利用システムを1つ挙げ、構成機器とそれらの役割について説明せよ。

(3) (2) の未利用熱エネルギー利用システムを普及させるための技術的方策について述べよ。

○ 化学薬品を製造する工場において、200－300℃の排ガスが生じている。この排熱を有効利用することが企業方針として決定した。この排熱利用において、工場全体の熱システム責任者の立場から以下の問いに答えよ。

(熱H28－1)

(1) 200－300℃の排ガスの排熱を有効利用するうえで、考えられるシステムを複数挙げ、それらの概要を説明せよ。

(2) (1) で挙げたシステムのうち1つを選び、排熱利用システムを採用するうえで、コストの観点からのメリット、デメリットを多面的に説明せよ。

(3) この工場における排熱利用において、将来有望と考えられる新技術についてその内容と実用化に向けた課題を述べよ。

○ 工場の生産プロセスからの排出蒸気を利用し、発電を行うシステムを新たに導入して、購入電力を減らしてエネルギー節減を図りたい。工場の動力エネルギー管理担当者として以下の問いに答えよ。　　　(動H26－1)

(1) 利用する蒸気の温度レベルを100～400℃の範囲で1つ想定し、それを利用する発電システムの方式と概略構成、そのシステムを選定した理由を述べよ。

(2) システムの導入を計画するに当たって、調査、検討すべき項目と作業手順を示せ。

(3) 計画業務を行うに際して留意すべき事項を述べよ。

　未利用エネルギーについても、再生可能エネルギーと同様に、平成30年度試験以前の選択科目である「動力エネルギー」だけでなく、「熱工学」でも問題が出題されています。しかし、出題頻度は再生可能エネルギーよりも少なくなっています。未利用エネルギーとしては、工場などの排ガスや排蒸気などをエネルギー源としたものだけではなく、ごみ焼却場の熱エネルギーを活用する方法などがあります。それらに加えて、下水道熱や小水力などのエネルギーの活用なども今後検討されていくと考えられますので、少し対象技術を広めに考えて準備をしておく必要があると考えます。

(6) トラブル対応

○　設置された分散型発電設備の出力が出なくなる（あるいは低下する）トラブルが発生した。運転保守の責任者として、以下の問いに答えよ。

(動H28-2)

(1) 想定する発電設備の種類と内容、トラブル発生時の運転状況。

(2) トラブルの原因特定を進める手順として、具体的チェック項目を3点以上挙げ、それぞれでの判断基準を示せ。

(3) トラブルの原因特定を進めるにあたって留意すべき事項を述べよ。

○　東日本大震災により、企業は多大な被害を受け、重要な業務が停止し復旧にかなりの時間を要したという調査結果がある。臨海地区に位置する製造工場を想定し、今後予想される大規模災害に備え、工場の保安と設備保全のために、その電力・燃料油・ガス・水などのライフライン、危険物施設、高圧ガス施設等、外部電源喪失時の対応策を含む防災対策の強化を策定するに当たり、動力エネルギーの管理・供給部門の責任者としてのあなたの考えを下記について記述せよ。

(動H25-1)

(1) 想定する防災計画の主たるテーマとその論拠

(2) 計画に当たって調査・検討すべき事項

(3) 防災計画業務を進める手順

(4) 計画の具体化を進める上で留意すべき事項

　技術者としての能力を考える場合、トラブルが発生した際の対処能力は高度な技術能力が求められます。最近では、これまでよりも多く自然災害等が発生するようになってきており、そういった場合でも、安定したエネルギーの供給が継続できるような対応をすることが技術者には求められています。この項目の問題は、平成30年度試験までの「動力エネルギー」の選択科目でのみ出題されていましたが、このような能力は、どの選択科目でも求められる能力といえますので、今後も出題される可能性があると考えます。また、試験委員が解答を読むと、受験者の能力が如実にわかる問題でもありますので、事前にある程度は過去に起きた事例を参考に、書くべき内容を検討しておく必要があると考えます。

5. 流体機器

「流体機器」は、旧選択科目「流体工学」を継承しており、そこで出題されている問題は、流体機器・システムの設計・開発、流体機器のトラブル対応・維持管理に大別されます。なお、解答する答案用紙枚数は2枚（1,200字以内）です。

(1) 流体機器・システムの設計・開発

○ ある海外発展途上国の閑静な観光地近くで使われる流体機器の更新において、現行機よりも大幅な静粛化が要求されている。現在稼働中の流体機器の騒音は、流体力学的な要因で発生していると考えられるが、その流体機器の流体力学的発生源は特定されていない。あなたが、その流体機器更新の担当責任者として、流体力学的騒音発生源の特定とその対策及び現地検証試験を進めるに当たり、対象とする流体機器を挙げ、下記の内容について記述せよ。機械力学的騒音発生源は考えなくてよい。　　　(R1－1)

(1) 対象とする流体機器について簡潔に説明するとともに、調査、検討すべき事項とその内容について説明せよ。

(2) 業務を進める手順について、留意するべき点、工夫を要する点を含めて述べよ。

(3) 業務を効率的、効果的に進めるための関係者との調整方策について述べよ。

○ 流体機器の設計・開発では、実機スケールの試験を実施することが困難なため、スケールを変えた模型試験によりデータを取得する場合がある。あなたが、スケールを変えた模型試験を計画・実施する担当責任者として業務を進めるに当たり、対象とする模型試験を挙げ、下記の内容について記述せよ。

　　　(R1－2)

(1) 対象とする模型試験について簡潔に説明するとともに、調査・検討すべき事項とその内容について説明せよ。

(2) 業務を進める手順について、留意するべき点、工夫を要する点を含めて述べよ。

(3) 業務を効率的、効果的に進めるための関係者との調整方策について述べよ。

○　あなたが担当する流体機械・設備で、これまでのものと同等の性能を維持しつつ小型化を図ることを主目的とするプロジェクトの技術リーダーとなった。対象とする流体機械・設備を1つ選定し、このプロジェクトを進めるに当たり、以下の問いに答えよ。　　　　　　　　　　　　（H30 - 2）

(1) 対象とした流体機械・設備について説明せよ。

(2) このプロジェクトの主目的達成のための手段と技術課題を挙げ、それを解決する方法とプロセスを述べよ。

(3) (2) で述べた解決する方法とプロセスの遂行に際し、留意すべきリスクや副次的な課題を2つ挙げ、それらの対策を説明せよ。

○　流体機械の性能改善を、CFDを活用してこれまでよりも短期間・低コストで実施できるようになってきている。あなたがCFDと模型試験を用いて現有の流体機械の効率を改善するプロジェクトの技術リーダーになったと仮定して、対象とする流体機械を1つ選定し、以下の問いに答えよ。

（H29 - 1）

(1) 選定した流体機械とその特徴について述べよ。

(2) 検討すべき技術事項とその理由、及び技術検討を進める手順について述べよ。

(3) 技術検討をする上で留意すべき事項について述べよ。

○　ターボ機械の設計では形式数（比速度ともいう）の選択が重要であり、使用条件に応じて適切とされる形式数の範囲がある。しかし、使用環境や顧客の要求によっては、その範囲を超えた形式数が選択される場合もある。またその範囲内でもメリット、デメリットを考慮して高い値が選択される場合や低い値が選択される場合もある。あなたが担当しているターボ機械について顧客より形式数の選択に関して助言を求められた。担当責任者と

して顧客に説明する立場に立って以下の問いに答えよ。　　　（H29－2）

(1) あなたが担当するターボ機械を特定し、形式数の決め方又は決まり方を説明し、高い形式数を選択した場合と低い形式数を選択した場合の両者についてメリットとデメリットを説明せよ。

(2) 異なる形式数を選択することにより顧客にメリットを提供できる場合は、どのような場合が考えられるか具体的な例を挙げて説明せよ。なお異なる形式数とは前述の適切とされる範囲の外の形式数のみでなく、その範囲内の別の形式数を推奨する場合も含む。

(3) (2) で挙げた例について、異なる形式数を選択した場合に発生する問題点とその対処方法について説明せよ。

○　近年、流体機械を定格負荷よりも低い負荷（部分負荷）で運用するケースが多くなっている。あなたが担当している流体機械について、従来より格段に低い部分負荷で運用することの要請を受けた。そのような部分負荷運転に伴う性能や信頼性に関する問題に対処する技術責任者として下記の内容について記述せよ。　　　　　　　　　　　　　　　（H28－2）

(1) あなたが担当する流体機械を特定し、求められる部分負荷を仮定して、その部分負荷時における問題点（効率や信頼性等）を述べよ。

(2) (1) で述べた問題点の中から1つを選び、それを回避する方法を具体的に述べよ。

(3) (2) で提案した方法を実機に適用する際に留意すべき点を述べよ。

○　人間への負担軽減や機械システムの効率向上、高機能化、省エネルギー等の観点から、いろいろな分野で自動制御化が進展している。あなたが担当する流体機械システムにおいて、自動制御化を計画することになった。その担当責任者として業務を進めるに当たり、下記の内容について記述せよ。　　　　　　　　　　　　　　　　　　　　　（H27－1）

(1) あなたが担当する流体機械システム及び自動制御の対象と効果

(2) 自動制御システムの構成と着手時に検討すべき内容

(3) 自動制御化した場合の信頼性確保

○　流体機械の小型化（又は軽量化）を推進するプロジェクトリーダーを命ぜられた。対象とする流体機械を1つ選定し、この業務を推進するに当た

り、以下の問いに答えよ。　　　　　　　　　　　　　　　　（H26－1）

(1) 対象とした流体機械の構造について説明せよ。

(2) 小型化（又は軽量化）を実現するための方法と課題を挙げよ。

(3) 予想されるリスクとその対策について述べよ。

○　現在量産している流体機械の容量を2倍にした新型機の短期開発プロ
　ジェクトリーダーを命ぜられた。対象とする流体機械を1つ選定し、その
　業務を推進するに当たり、以下について記述せよ。　　　　　（H25－1）

(1) 選定した流体機械とその特徴

(2) 着手時に考えるべき事項とその理由

(3) 業務を進める手順

(4) 設計・製造に関し考慮すべき技術的事項

○　従来の流体機械の性能を改善するために、その流体機械内部の静圧を測
　定する業務を担当することになった。対象とする流体機械を1つ選定し、
　この業務を推進するに当たり、以下について記述せよ。　　　（H25－2）

(1) 選定した流体機械とその特徴

(2) 着手時に考えるべき事項とその理由

(3) 業務を進める手順

(4) 測定結果の利用・解釈に当たって留意すべき技術的事項

○　今までに経験のない大型の流体機械の開発担当責任者を命ぜられた。対
　象とする流体機械を1つ選定し、その業務を推進するに当たり、下記の内
　容について記述せよ。　　　　　　　　　　　　　　　　　　（練習）

(1) 選定した流体機械とその特徴を簡潔に説明するとともに、調査、検討
　　すべき事項とその内容について説明せよ。

(2) 業務を進める手順について、留意するべき点、工夫を要する点を含め
　　て述べよ。

(3) 業務を効率的、効果的に進めるための関係者との調整方策について述
　　べよ。

○　流体システムの性能向上を図るためのモデル実験を担当することになっ
　た。対象とする流体システムを1つ選定し、その業務を推進するに当たり、
　下記の内容について記述せよ。　　　　　　　　　　　　　　（練習）

(1) 選定した流体システムとその特徴を簡潔に説明するとともに、調査、検討すべき事項とその内容について説明せよ。

(2) 業務を進める手順について、留意するべき点、工夫を要する点を含めて述べよ。

(3) 業務を効率的、効果的に進めるための関係者との調整方策について述べよ。

○ 伝熱促進の観点から境界層の制御が重要となる流体システムの設計を担当することになった。対象とする流体システムを1つ選定し、その業務を推進するに当たり、下記の内容について記述せよ。　　　　　　(練習)

(1) 選定した流体システムとその特徴を簡潔に説明するとともに、調査、検討すべき事項とその内容について説明せよ。

(2) 業務を進める手順について、留意するべき点、工夫を要する点を含めて述べよ。

(3) 業務を効率的、効果的に進めるための関係者との調整方策について述べよ。

○ 流体システムの設計の際にコンピュータを駆使して最適化を図る業務を担当することになった。対象とする流体システムを1つ選定し、その業務を推進するに当たり、下記の内容について記述せよ。　　　　　　(練習)

(1) 選定した流体システムとその特徴を簡潔に説明するとともに、調査、検討すべき事項とその内容について説明せよ。

(2) 業務を進める手順について、留意するべき点、工夫を要する点を含めて述べよ。

(3) 業務を効率的、効果的に進めるための関係者との調整方策について述べよ。

　平成30年度試験までの選択科目名は「流体工学」でしたが、令和元年度の改正で選択科目名が「流体機器」に変更になりました。選択科目の内容をみると、平成30年度試験までの内容に、水車と風力発電が追加になった程度の変更になっています。この選択科目の内容の追加は、自然エネルギーの利用を促進することが重要であるという世の中のトレンドを反映したものと考えられます。

　令和元年度試験の問題は、流体機器の更新における低騒音化と、流体機器開発における模型試験実施に関するものでした。いずれも、自分で選んだ流体機器を対象に設問に対する詳しい記述が求められています。平成30年度試験以前の問題も同様の形式であり、今後も、指定された技術課題に対して、自分が専門とする流体機器を選び、詳述する問題が出題されるものと考えます。過去の試験問題を分析すると、流体機器の開発に関するものと、トラブル発生対応や維持管理に関するものが、多く出題されています。

　流体機器の開発については、低騒音化、小型化・大型化、性能改善・効率向上・省エネルギー、高機能化、自動制御化、形式数（比速度）の選定、低負荷運転への対応、模型試験・コンピュータ解析（CFD、FEAなど）の活用などの問題が出題されています。このような出題傾向を参考に、自分の専門とする流体機械について、人工知能（AI）、IoT、ビッグデータの活用、最適化設計、信頼性向上などを含め、幅広い技術課題へ対応できるように準備しておく必要があります。

　平成30年度試験までの出題では、選択した流体機器の特徴を説明し、技術課題を示し、その解決策を述べる内容が多く出題されていましたが、令和元年度試験の出題では、これに加えて業務を効率的・効果的に進めるための関係者との調整方策について述べよとの設問が加わりました。開発に当たって、社内外の関係者との各種調整が考えられますので、要点を絞って解答できるように準備をしておく必要があります。

(2) 流体機器のトラブル対応・維持管理

○　新設した機械の試運転において、流体が励振源である大きな振動が発生した。この流体関連振動問題に対処する技術責任者として下記の内容について記述せよ。　　　　　　　　　　　　　　　　　　　　（H30−1）

　(1) 一般的に知られている流体関連振動現象を3つ挙げ、それぞれの励振機構を説明せよ。

　(2) 機械を具体的に想定し、発生した流体関連振動現象を特定するための調査手順を説明せよ。その調査により（1）で挙げた中から実際に発生した流体関連振動現象を1つに特定し、その特定理由を述べよ。

(3) (2) で特定した振動現象に対する振動低減策を述べよ。

○ 新設した流体機械の試運転において大きな騒音が発生した。流体機械における騒音発生原因は、大きく分けて、機械力学的な発生源と流体力学的な発生源がある。今回の騒音の発生源が流体力学的な発生源として以下の問いに答えよ。　　　　　　　　　　　　　　　　　　　　　（H28－1）

(1) 流体機械における騒音の流体力学的な発生源として一般的に知られているものを、その発生機構により5つに分類し、各発生機構の説明とそれらが発生する場所の1例を述べよ。

(2) 今回騒音が発生した流体機械を特定し、その騒音発生原因の詳細を把握するための調査・分析の手順及び留意すべき内容を述べよ。

(3) (2) で実施した調査・分析結果を基に想定される発生原因を2つ挙げ、各々に対する改善案を述べよ。

○ 運転開始、1～2年程度で内部点検を実施したところ、ポンプ羽根車に壊食が発生したとの連絡を受けた。ポンプの設計担当者として以下の問いに答えよ。ここで、使用流体は常温の水であり、流体の化学的特性による腐食は考えないものとする。ポンプの種類、材質は一般的に市場にあるものを想定すること。　　　　　　　　　　　　　　　　　　　　（H27－2）

(1) 壊食の原因となる流体現象を2つ挙げ、それらの特徴を述べよ。

(2) 壊食の原因の詳細を把握するための調査分析について説明せよ。

(3) (2) で挙げた調査分析結果を基に、壊食を防止し、運転を継続するための対策を述べよ。

○ 流体機械を新規開発している過程でシャフトが折損する不具合が生じた。開発取りまとめ者として、その原因究明、対策を至急実施する事態となった。対象とする流体機械を1つ選定し、この業務を推進するに当たり、以下の問いに答えよ。　　　　　　　　　　　　　　　　　　　　　（H26－2）

(1) 対象とした流体機械の構造について説明せよ。

(2) 不具合の原因を解明する手順、手段について述べよ。

(3) 考えられる原因と対策方法について述べよ。

○ 老朽化した流体機械を更新する業務の担当責任者を命ぜられた。対象とする化学機械を1つ選定し、その業務を推進するに当たり、下記の内容に

ついて記述せよ。　　　　　　　　　　　　　　　　　　　（練習）

（1）選定した流体機械とその特徴を簡潔に説明するとともに、調査、検討すべき事項とその内容について説明せよ。

（2）業務を進める手順について、留意するべき点、工夫を要する点を含めて述べよ。

（3）業務を効率的、効果的に進めるための関係者との調整方策について述べよ。

○　工場内に設置された流体機械の保全管理業務の担当責任者を命ぜられた。対象とする流体システムを1つ選定し、その業務を推進するに当たり、下記の内容について記述せよ。　　　　　　　　　　　　　　　（練習）

（1）選定した流体機械とその特徴を簡潔に説明するとともに、調査、検討すべき事項とその内容について説明せよ。

（2）信頼性確保と保全費削減を両立させる観点から、留意するべき点、工夫を要する点を含めて述べよ。

（3）業務を効率的、効果的に進めるための関係者との調整方策について述べよ。

　流体機器のトラブル対応・維持管理については、過去に振動・騒音対策、腐食・壊食、シャフト破損、老朽化機械の更新、保全管理などの問題が出題されています。このほかにも、流体機器の運用に当たって多くの問題や課題が考えられますが、トラブル低減のための人工知能（AI）、IoT、ビッグデータの活用、運転・保全情報の共有・有効活用、コスト削減と信頼性向上などを含めて、対策を講じることができるようにしておく必要があります。そのため、自分の専門とする流体機器を対象に、具体的な事例を挙げ、対応を考えることをお勧めします。

6. 加工・生産システム・産業機械

「加工・生産システム・産業機械」は、旧選択科目「加工・ファクトリーオートメーション及び産業機械」を継承しており、そこで出題されている問題は、加工技術、生産システム、生産設備に大別されます。なお、解答する答案用紙枚数は2枚（1,200字以内）です。

(1) 加工技術

○　様々な板金加工設備が整っている加工会社に下図のような製品の製作依頼が入った。W100 mm×L150 mm×H50 mmで肉厚は2 mm、材質は金属、直線と曲線が混ざった縁形状をもち、3ヶ所に楕円状の穴をもつ貯水を目的とした器状の製品である。ロットは300個の単発もので、希望納期は今から10日後である。Hに要求されている寸法精度は±0.15 mmである。これに関し、下記の内容について記述せよ。　　　　　　　　(R1－1)

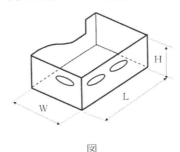

図

(1) この製品を受注する上で事前に発注側へ調査すべき事項を2つ、受注側で検討すべき事項を3つ挙げ、それぞれその内容について説明せよ。

(2) この製品の加工を行うに当たっての一連の工程と、その中で使用する加工機械を2つ挙げてそれぞれの選定理由を説明せよ。また加工工程全体での留意すべき点、工夫を要する点を2つ挙げて説明せよ。

（3）受注から納品までの業務を効率的、効果的に進めるための関係者との調整方法について2つ挙げて説明せよ。

○　金属板材の短尺物から長尺物までの曲げ加工に対応した機械の1つに、プレスブレーキがある。機械フレームの基本構成は、下図のようになっている。この機械について以下の問いに答えよ。　　　　　　　　　（H30－1）

（1）材料Xを下図の位置にセットし、V曲げ加工模式図に示すように曲げ加工を行う。左右の駆動装置を同じストローク量だけ下降させたとき、機械フレームA、B、C、Dそれぞれの変形挙動について述べよ。

（2）上記（1）の機械フレームの変形挙動が板材Xの曲げ加工精度にどのような影響を与えるか、変形挙動と関連づけて3つ述べよ。

（3）上記（2）の3つの影響のうち2つを挙げ、それぞれを解決するための技術的手段について述べよ。

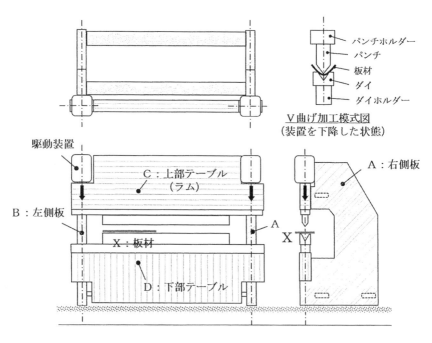

○　工作機械には、多くの熱源が存在し、加工精度や機械精度に影響を及ぼしている。これらの熱源を特定して、その対策を行う場合について、以下の問いに答えよ。　　　　　　　　　　　　　　　　　　　　　（H29－1）

(1) これらの熱源を効率的に特定するための3つの手順を示し、それぞれの狙いについて述べよ。

(2) (1) で挙げた3つの手順それぞれについて、特定される熱源を1つずつ挙げて、その熱源が加工精度や機械精度にどのような影響を及ぼすかについて説明せよ。

(3) (2) で挙げた熱源のうち、2つの熱源を選び、それぞれに対してその影響をできる限り小さくするための対策について述べよ。

○ 工作機械には、多くの振動要因が存在し、加工性能や機械性能に大きな影響を及ぼしている。これらの振動要因を特定し、対策を行う場合について、以下の問いに答えよ。 (H28－1)

(1) 振動が加工性能や機械性能に及ぼす影響について述べよ。

(2) 振動要因を効率的に絞り込んでいくための手順とその目的を述べよ。

(3) 上記 (2) の各手順における具体的な振動要因を挙げて、それぞれに対する対策を述べよ。

○ 「5軸加工機の導入」について、①概要（目的を含む）、②課題、③課題を解決する方法を述べよ。 (H25－1)

○ 国際宇宙ステーション（ISS）などの宇宙空間における実験が現実的なものとなってきており、宇宙空間で用いる機械などの精密な形状の部品を設計・加工する技術が求められている。このような宇宙空間で使用する機械部品の設計・製作を求められた際、受注者の総責任者としてどのように対応すべきか、下記の内容について記述せよ。 (練習)

(1) 精密部品の設計時に発注者に確認すべき技術的要求事項を2つ、受注者として検討すべき事項3つを挙げてそれぞれの内容について説明せよ。

(2) 精密部品を加工するために使用する金属加工機に求められる技術的要求事項を2つ挙げて説明せよ。また、この要求事項から1つを選び、満足させるための課題と対応策について説明せよ。

(3) 精密部品を設計・製作するうえで、業務を効率的、効果的に進めるための発注者との調整方策について2つ挙げて説明せよ。

○ 既製の工作機械をシステムに適した形態に改良・改善、あるいは従来とは異なる新しい発想で設計されるケースが多く出てきている。これら「シス

テム適合型工作機」の設計・設備納入を求められた際、受注者の総責任者としてどのように対応すべきか、下記の内容について記述せよ。**(練習)**

(1) このようなシステム適合型工作機を導入する際、発注者に確認すべき技術的要求事項を2つ、受注者として検討すべき事項3つを挙げてそれぞれの内容について説明せよ。

(2) システム適合型工作機に求められる技術的要求事項を2つ挙げて説明せよ。また、この要求事項から1つを選び、満足させるための課題と対応策について説明せよ。

(3) システム適合型工作機を設計・製作・納入するうえで、業務を効率的、効果的に進めるための発注者との調整方策について2つ挙げて説明せよ。

　加工技術の分野では、ある加工に対する特徴、加工精度、問題点とその対応について問う問題が出題されています。したがって、主な機械加工法について、それぞれどういうものがあるかを原理的なところから理解することはもちろん、上記の点についても説明できるように整理して勉強しておくことが求められます。

　令和元年度試験からの評価項目に「マネジメント」と「リーダーシップ」の視点が加わったことで、単に技術の内容を把握するだけではなく、実践的な場面を想定して、発注者から依頼された受注者側の総責任者の立場で、その責任を全うするために発注者と確認をしながら業務を進めていく方策についても問われるようになりました。一方的に持てる技術を売り込むのではなく、相手の欲するものは何かを理解したうえで、どのように設計・製品化していくかという視点で解答ができるように勉強していくことが求められます。

(2) 生産システム

○　製品の開発プロセスを構成する複数の工程、例えば、製品設計、生産設計、物流企画、販売企画などを協調しながら並行で進めるアプローチは、コンカレントエンジニアリングと呼ばれている。以下の問いに答えよ。

(H29－2)

(1) コンカレントエンジニアリングの目的を、3つ挙げて説明せよ。

(2) コンカレントエンジニアリングを実施する際の課題を、2つ挙げて説明せよ。

(3) (2) で挙げた2つの課題を解決するための対策を、それぞれ述べよ。

○ 生産システムにおいて一層の省エネルギー化が求められている。あなたが生産システムの省エネルギー化を担当する部署のリーダーになったと仮定して、以下の問いに答えよ。　　　　　　　　　　　　　　　(H28－2)

(1) 省エネルギー化が求められる理由について、3つ挙げ、説明せよ。

(2) 省エネルギー化を行いつつも、生産性を維持する上で、考えられる課題を3つ述べよ。

(3) 上記 (2) の課題から2つ選び、それぞれについて解決方法を述べよ。

○ インターネットを活用した工場の高度情報化に基づく生産システムの構築が重要となってきている。この動向に関して、以下の問いに答えよ。　　　　　　　　　　　　　　　(H27－1)

(1) このような生産システムを構築する目的を4つ挙げ、それぞれを説明せよ。

(2) 上記 (1) で挙げた目的の中から2つを選択し、それぞれの課題を述べよ。

(3) 上記 (2) の課題を解決する方法をそれぞれ述べよ。

○ サプライチェーンにおいて、一般に不必要な在庫を低減することがよいとされる。あなたがサプライチェーンマネジメントを担当する部署のリーダーになったと仮定して、以下の問いに答えよ。　　　　　(H27－2)

(1) 在庫を減らす目的について3つ挙げ、簡単に説明せよ。

(2) 在庫を減らす上で、考えられる課題を3つ述べよ。

(3) 上記 (2) の課題から2つを選び、それぞれについて解決方法を述べよ。

○ 生産ラインの構築におけるシミュレーション技術の導入について、以下の (1) ～ (3) について述べよ。　　　　　　　　　(H26－2)

(1) 目的

(2) 課題

(3) 課題を解決する方法

○ 「多品種少量生産に対応するセル生産システムの導入」について、①概

要（目的を含む）、②課題、③課題を解決する方法を述べよ。(H25－2)

○　近年ライフスタイルの個性化、文化・価値観の多様化、生産活動のグローバル化、自然環境負荷の増大などを背景に、生産システムの内外の質的・量的変動に対して迅速に対処できる生産システムが求められている。この生産システムの1つに「ホロニック生産システム」がある。このホロニック生産システムについて、下記の内容について記述せよ。　　（練習）

(1) ホロニック生産システムを行う目的を3つ挙げて説明せよ。

(2) ホロニック生産システムを導入する際に留意すべき点、工夫を要する点を3つ挙げて説明せよ。

(3) ホロニック生産システムの導入を依頼されたと仮定し、受注者側の総責任者として、業務を効率的、効果的に進めるための発注者との調整方策について2つ挙げて説明せよ。

○　人間の生活に有用な各種製品は、単にその機能と価格が優れているというだけでなく、環境への負荷についても考慮しなければならない。したがって、生産システム設計おいても環境を十分考慮した設計が求められる。環境の保護に対する対象は、人間の体、周囲の生態系、そして資源である。今あなたが、一般ユーザーが購入する製品で1～3年ごとにモデルチェンジする製品の生産システム設計を依頼されたと仮定し、下記の内容について記述せよ。　　　　　　　　　　　　　　　　　　　　　（練習）

(1) 生産システム設計を行うに当たり、事前に環境対策を取り入れたアセスメント（環境アセスメント）を行うことが効果的である。この環境アセスメントを実施するために抑えておくべき重要なポイントを3つ挙げ、それぞれを説明せよ。

(2) 次に製造段階の環境負荷を考慮した生産システム設計を提案する際に課題となる点を1つ挙げ、対応策とともに説明せよ。

(3) あなたが環境負荷を考慮した生産システムの導入に関する受注者側の総責任者として、業務を効率的、効果的に進めるための発注者との調整方策について2つ挙げて説明せよ。

生産システムの設問の内容をみていくと、平成30年度試験にはこの項目での

出題はありませんでしたが、過去には「コンカレントエンジニアリング」、「サプライチェーンマネジメント」、「高度情報化」、「省エネルギー」、「セル生産システム」など、生産現場における最近の技術導入、システム評価・分析を取り入れた内容の問題が出題されています。このような出題の特徴から、さまざまな生産現場における最新動向を業界新聞やインターネット情報などを用いて入手し、そこからキーワードを拾い出していくことがこの項目への対応になると考えます。

また、令和元年度試験からの評価項目に「マネジメント」と「リーダーシップ」の視点が加わったことで、単に技術の内容を把握するだけではなく、実践的な場面として発注者から依頼された受注者側の総責任者として、その責任を全うするために発注者と確認をし、業務を進めていく方策についても問われるようになりました。生産システムを依頼されて導入する際に、導入先の期待するものは何かをしっかり理解したうえで、どのようにシステムを設計・具現化していくかという視点で解答できるよう勉強していくことが求められます。

(3) 生産設備

○ JIT（just in time）生産の考え方が広く適用されている。JIT生産においては、最終組立ライン（後工程）が必要な部品を必要なときに必要な量だけ前工程から引き取り、前工程が後工程に引き取られた分の部品を作る。このJIT生産方式では、「かんばん」を用いて生産プロセス全体の「もの」の流れを制御することが行われている。JIT生産方式は自動車などの最終製品の組立に活用され、注文情報に基づいて複数品種の製品の受注生産を行う組立ラインが構築されている。ここでは、需要の増加などに対応するために、最終製品の新たな組立ラインをJIT生産方式に基づいて構築することを考える。この組立ラインを立ち上げ、運用する場合に関し、下記の内容について記述せよ。 (R1－2)

(1) 組立ラインの配置及び組立ラインでの生産プロセスが満たすべき条件を3つ以上挙げて説明せよ。また、組立ライン、部品の生産拠点、サプライヤー及びロジスティックなどに関して調査、検討すべき事項を挙げて、その内容について説明せよ。

(2)「かんばん」を用いて生産プロセス内における「もの」の流れの制御を行う場合に留意すべき点、工夫を要する点を3つ挙げて説明せよ。

(3) JIT生産方式による生産を効率的、効果的に進めるための関係者との調整方法について説明せよ。

○　生産設備やその構成要素の保全について、以下の問いに答えよ。

(H30-2)

(1) 基本的な保全方式として、事後保全、時間基準保全（定期保全）、状態基準保全（予知保全）の3つが挙げられる。これらについて説明し、適切な保全方式を選定するための考え方を述べよ。

(2) 状態基準保全（予知保全）を導入するに当たって検討しなければならない技術課題を3つ挙げ、説明せよ。

(3) 上記（2）で挙げたそれぞれの技術課題について、それを解決するための具体的な方法を述べよ。

○　昨今、加工生産ラインにおいて、専用機に代わり汎用機が導入されてきている。加工ラインにおける汎用機の導入について、以下の（1）〜（3）について述べよ。　　　　　　　　　　　　　　　　　　　　（H26-1）

(1) 目的

(2) 課題

(3) 課題を解決する方法

○　加工設備を適切に運転するためには、加工状態の計測と工作物の検査が必須になる。このため、加工状態をオンマシンで検知し、これらの情報を加工制御や管理システムにフィードバックすることを行っている。このオンマシンモニタリングに関して、下記の内容について記述せよ。（練習）

(1) オンマシンモニタリングを実施する目的を3つ挙げ、それぞれを説明せよ。また、オンマシンモニタリングを実施するに当たり、事前に調査、検討すべき事項を挙げて、その内容について説明せよ。

(2) オンマシンモニタリングを実現するために様々な種類のセンサが用いられる。センサを選定するにあたり留意すべき点、工夫を要する点を具体的な例を3つ挙げて説明せよ。

(3) 生産設備におけるオンモニタリングシステムの導入を依頼され、あな

たがこの総責任者として進めていく際に、効率的、効果的に進めるための発注者との調整方策について2つ挙げて説明せよ。

○ 完全な自動化システムを採用した生産設備においても、必要最小限の生産設備運転状況監視要員や保守要員が必要であり、生産ライン及び生産設備と作業者とのインターフェースの評価が重要になる。この生産設備と作業者間のインターフェースに関し、下記の内容について記述せよ。

(練習)

(1) 新たな生産設備を設計する際に運転管理もしくは保守管理に当たってインターフェースを考慮すべきポイントを3つ挙げ、それぞれを説明せよ。また、選定したポイントにおけるインターフェースに関し、事前に考慮、検討すべき事項を挙げて、その内容について説明せよ。

(2) 生産設備と作業者間のインターフェースの設計において留意すべき点、工夫を要する点を3つ挙げて説明せよ。

(3) 完全自動生産システムの導入を依頼され、あなたがこの総責任者として進めていく際に、運転管理もしくは保守管理に当たってインターフェースに関する業務を効率的、効果的に進めるための発注者との調整方策について2つ挙げて説明せよ。

　生産設備での設問の内容をみていくと、「JIT（ジャストインシステム）生産システム」、「生産システムの保全」、「生産設備への汎用機導入」など、生産設備の運転、保守における最近の技術や設備設計の考え方を取り入れた内容の設問となっているのがわかります。このような出題の特徴から、さまざまな生産設備における最新動向、技術の方向性、無人化・省力化を実現していくための技術について、業界新聞やインターネット情報などを用いて入手し、そこからキーワードを拾い出していくことがこの種の設問への対応になると考えます。

　さらにコンピュータを導入した設計から製作までの品質、加工精度、生産スケジュール、生産量の一元管理や、市場に出した製品の保守・修理情報からのフィードバック管理の問題が、今後は出題されると考えます。その中でも、一般消費者向けに製作・製造している製品の生産ラインに対する問題は想定しておかなければなりません。コンピュータ化によって、またインターネットの普

及によって多くのデータが瞬時に入手できる環境下で、これらのデータをどう使って製品の品質向上に役立てるかが解答する際のキーポイントとなりますので、押さえておく専門技術の知識範囲も格段に広くなっていきます。

　記述のステップとしては、生産設備システム全体の設計例が多いことから、新技術導入に当たっての目的、導入すべき内容・手法、導入に潜むリスクの検出、リスク排除の対策提案という流れで設問されることがほとんどですので、生産設備の新技術として「キーワード」を拾い出したときに、このステップに従って、自分自身で目的、リスク、解決法を検討しておくことが有効であると考えます。

　また、令和元年度試験からの評価項目に「マネジメント」と「リーダーシップ」の視点が加わったことで、単に技術の内容を把握するだけではなく、実践的な場面として発注者から依頼された受注者側の総責任者として、その責任を全うするために発注者と確認をし、業務を進めていく方策についても問われるようになりました。生産システムを依頼されて導入する際に、導入先が期待するものは何かをしっかり理解したうえで、どのようにシステムを設計・具現化していくかという視点で解答できるよう勉強していくことが求められます。

選択科目（Ⅲ）の要点と対策

　選択科目（Ⅲ）の出題概念は、令和元年度試験からは、『社会的な
ニーズや技術の進歩に伴い、社会や技術における様々な状況から、複合
的な問題や課題を把握し、社会的利益や技術的優位性などの多様な視点
からの調査・分析を経て、問題解決のための課題とその遂行について論
理的かつ合理的に説明できる能力』となりました。

　出題内容としては、『社会的なニーズや技術の進歩に伴う様々な状況
において生じているエンジニアリング問題を対象として、「選択科目」に
関わる観点から課題の抽出を行い、多様な視点からの分析によって問題
解決のための手法を提示して、その遂行方策について提示できるかを
問う。』とされています。改正前に比べて、遂行方策の提示が加わった
程度の変更ですので、問題で扱うテーマとしては大きな変化がないと考
えられます。そのため、平成25年度試験以降の過去問題は参考になり
ます。

　評価項目としては、『技術士に求められる資質能力（コンピテンシー）
のうち、専門的学識、問題解決、評価、コミュニケーションの各項目』
となりました。

　なお、本章で示す問題文末尾の（　）内に示した内容は、R1－1が
令和元年度試験の問題の1番を示し、Hは平成を示しています。また、
（練習）は著者が作成した練習問題を示します。

1. 機械設計

「機械設計」で出題されている問題は、環境・エネルギー、安全、高齢化、技術継承、情報化、国際化に大別されます。なお、解答する答案用紙枚数は3枚（1,800字以内）です。

(1) 環境・エネルギー

○　地球環境に優しく安全性に優れる製品のロードマップとそれを実現するための技術ロードマップを作成することになった。あなたがその責任者であるとして、以下の問いに答えよ。　　　　　　　　　　　（H30−1）

(1) ある製品について2020年から5年ごとの製品の到達目標を15年にわたり設定し、各到達目標を達成するための技術ロードマップを提示してその内容を述べよ。

(2) (1) で述べた技術ロードマップを実現するための課題を挙げて解決策を提案せよ。

(3) (2) で提案した解決策に潜むリスクについて述べよ。

○　サステナビリティ（Sustainability）という、広く環境・社会・経済の3つの観点からこの世の中を持続可能にしていくという考え方に基づき、環境・社会・経済の面で企業価値を上げていく取組が始まっている。製品開発の上でも同様の環境・社会・経済を意識する必要がある。このような背景において、機械設計の立場から以下の問いに答えよ。　　　（H29−1）

(1) 開発する製品例を1つ挙げ、環境・社会・経済の観点をそれぞれ1つ入れた開発方針を述べよ。

(2) (1) で述べた環境・社会・経済の観点の中から1つを選び、それに関する技術的な課題と具体的解決提案を述べよ。

(3) (2) の提案により生じ得る留意点について説明し、その対処方法を述

べよ。

○ 温室効果ガスの排出量削減、大量廃棄型生産プロセスからの脱却、エネルギー消費の低減などを満たしながら、社会・経済活動を発展維持させる21世紀型の持続可能な産業・社会構造に我が国を転換していく必要がある。研究開発活動では、いわゆる"持続可能なモノづくり技術"の推進が挙げられるが、その技術について以下の問いに答えよ。　　　　　　(H26-2)

(1) 持続可能なモノづくり技術の研究開発に関して、あなたが携わる技術あるいは製品分野において検討すべき項目を多面的に述べよ。

(2) 上述した検討すべき項目に対して、あなたが大きな技術課題と考える項目を1つ挙げ、課題を解決するための技術的提案を示せ。

(3) あなたの技術提案がもたらす効果を具体的に示すとともに、実施する際に予想されるリスクについて述べよ。

○ 再生可能エネルギーの1つに風力発電がある。一般に風力発電設備は、陸上の基礎にタワーが設置され、その最上部に風力を機械的エネルギーに変換するためのブレードとロータハブからなるロータ部、発電機に動力を伝達するための回転軸、ローターブレーキ、変速機、発電機、コントローラを組み込んだナセル部、及びローターブレードを風に対向させるヨー駆動機構などで構成されている。風力発電設備を、陸上に設置した場合に発生する環境問題を回避するために、最近では洋上設置の検討が進んでいる。このような動向を踏まえ、風力発電設備を設計開発する際に想定される問題あるいは技術課題について、以下の問いに答えよ。　　　　　(H25-2)

(1) 風力発電には社会面並びに環境面でどのような問題があるか4つ提示し、その内容を述べよ。

(2) 洋上風力発電の利点を提示し、新たに想定される技術課題を述べよ。

(3) その技術課題を解決するために、どのような技術開発が必要かを述べよ。

○ 環境負荷、エネルギー消費、使用する資源を最小限とし、要求される機能を有する製品をユーザーに提供するための手段として、エコデザインが提唱されている。また、グローバルに製品を展開するためにもエコデザインは製品の開発に欠かせない視点となっている。このような状況を考慮し

て、あなたの専門とする製品分野・技術分野において、機械設計の技術士としてどのように取り組むべきか、以下の問いに答えよ。　　　　（練習）

(1) エコデザインを実現するために、あなたが有望と考える技術または製品を1つ挙げ、それを挙げた理由について述べよ。

(2) その技術または製品を使ってエコデザインの効果を最大限発揮させるための技術的課題を示し、それを解決するための技術的提案について述べよ。

(3) あなたの技術的提案がもたらす効果を具体的に示すとともに、その中に潜む社会的リスクについても述べよ。

　環境・エネルギーの問題は、動力エネルギーや熱工学では定番問題となっていましたが、機械設計でも過去に出題されています。機械設計の受験者も地球温暖化問題やエネルギーセキュリティに関する事項に関しては、勉強をしておく必要があります。

　環境問題として現在注目されている事項として地球温暖化があります。地球温暖化は、温室効果ガスである二酸化炭素、メタン、一酸化二窒素、ハイドロフルオロカーボン（HFC）、パーフルオロカーボン（PFC）、六フッ化硫黄（SF_6）などの大気中の濃度が増大することによって、地球の平均気温が上昇する現象をいいます。その中でも、化石燃料由来の二酸化炭素の排出量が増加しています。アメリカ海洋大気局は、2015年3月時点で、大気中の二酸化炭素の平均濃度が、測定開始以後初めて400 ppmを超えたと発表しました。政府間パネル（IPCC）は地球温暖化の被害を避けるためには、温暖化ガスの濃度を450 ppm以下に抑える必要があるとしていますので、すでに限界点に近づきつつあるといえます。日本は2015年6月に、2030年までに2013年比で26％減らす目標を公表しています。これは京都議定書の起点である1990年比では18％減の目標数字にあたります。

　2015年12月には、気候変動枠組条約第21回締約国会議（COP21）がパリで開催され、条約加盟国のすべてが参加する新しい枠組みであるパリ協定が合意されました。そこで、世界の気温上昇を2度未満に抑えることを目標とすることが決められています（第5章「3．地球環境問題」も参照してください。）。

　2015年に開催された国連サミットにおいて、SDGs（持続可能な開発目標）が提唱されましたが、環境問題はその重要課題になっていますので、今後SDGsに関連した環境問題が出題されるものと考えます。

　一方、日本のエネルギー状況は、東日本大震災で発生した原子力発電所の事故から大きな転機を迎えました。2018年7月には新しい「第5次エネルギー基本計画」が発表されましたが、そこでは2030年、2050年に向けた方針を示しています。2030年に向けた方針としては、エネルギーミックスの進捗を確認すれば道半ばの状況であり、今回の基本計画では、エネルギーミックスの確実な実現へ向けた取組の更なる強化を行うこととしています。2050年に向けては、パリ協定発効に見られる脱炭素化への世界的なモメンタムを踏まえ、エネルギー転換・脱炭素化に向けた挑戦を掲げ、あらゆる選択肢の可能性を追求していくこととしています。

　エネルギー政策の基本的視点として、次の「3E＋S」を掲げています。

① 安全性（Safety）を前提
② エネルギーの安定供給（Energy Security）
③ 経済効率性（Economic Efficiency）の向上
④ 環境（Environment）への適合

【キーワード】
　環境基本法、循環型社会形成推進基本法、廃棄物処理法、環境アセスメント、環境影響評価法、環境マネジメントシステム、環境会計、排ガス対策、排煙処理、排水処理、エコファンド、エコマーク、京都議定書、温暖化効果ガスの種類、排出量の削減基準、化石燃料、天然ガス、液化天然ガス（LNG）、水素エネルギー、再生可能エネルギー、地中熱利用ヒートポンプ、地熱発電、バイオマスエネルギー、原子力発電、風力発電、太陽電池・太陽光発電、フレキシブル太陽電池、シースルー太陽電池、太陽熱発電システム、燃料電池、自然エネルギー、エネルギー効率、温暖化係数が小さい冷媒の採用、ハイブリッドエンジン、省燃費エンジン、環境適合設計、CO_2分離・回収、CO_2固定化、CO_2貯蔵、膜分離技術、下水汚泥の燃料化、ダイオキシン類の発生抑制、廃食品油の燃料化、クリーンコール

テクノロジー、ISO 14001、省エネルギー法、コジェネレーション、ハイブリッド技術、コンバインドサイクル、ESCO事業、分散型エネルギーシステム、廃熱利用、熱回収、未利用エネルギーの活用、エネルギー貯蔵、エネルギーマネジメント技術、ガス化技術、ローカル・エネルギー・ネットワーク、熱のカスケード利用、断熱材・断熱技術、エネルギー回収、動力回生システム、小型化、軽量化、石化燃料の低減、バイオマスエネルギー利用技術、高効率天然ガス発電システム、石炭ガス化複合発電システム（IGCC）、コンバインドサイクル・ガスタービンの高温化、蓄熱式冷暖房システム、低温回収技術、資源有効利用促進法、3R（Reduce、Reuse、Recycle）、リサイクル法（家電リサイクル法、自動車リサイクル法、容器包装リサイクル法など）、ゼロエミッション、エコロジー、エコデザイン、再生生産技術、レアメタル分離・回収技術、リユース部品の流通管理技術、ICタグによる管理技術、分解・解体の容易性、スクラップ材の有効利用、再資源化技術の開発、循環型社会、リサイクル率、再資源化率、分別回収、ライフサイクル設計、ライフサイクル・アセスメント、劣化予測技術、維持管理、長寿命化　など

(2) 安　全

○　2012年12月2日に発生した、中央高速自動車道「笹子トンネル」での吊り天井板落下事故は、設計、施工、保守の各段階での調査が行われ、原因究明と対策の取組みが行われている。一方、機械装置においても市場でのトラブルは、設計、製造、さらにはその後の保守に起因して発生することが多い。この事故を他山の石とし、安全・安心の観点から市場でのトラブルを未然に防止するために、機械設計の技術士としてどのように取り組むべきか、以下の問いに答えよ。　　　　　　　　　　（H25－1）

(1) 検討すべき項目を3つ挙げ、取り上げた理由を述べよ。

(2) それらの検討項目に対して、技術的課題と解決のための技術的提案を示せ。

(3) その技術的提案がもたらす効果を具体的に示すとともに、そこに潜む

リスクを述べよ。

○　我が国は世界有数の地震国であり、数多くの活断層が全国各地に存在することに加えて、活断層の存在が知られていない地域でも地震が発生するなど、いつどこでも地震が発生し得る状況にある。そのような状況を考慮して、機械設計の技術士としてどのように取り組むべきか、以下の問いに答えよ。　　　　　　　　　　　　　　　　　　　　　　　　　　　　（練習）

(1) 安心・安全な社会を実現するために、検討すべき項目を3つ挙げ、取り上げた理由を述べよ。

(2) それらの検討項目に対して、技術的課題と解決のための技術的提案を示せ。

(3) その技術的提案がもたらす効果を具体的に示すとともに、そこに潜むリスクを述べよ。

○　製品が市場に投入されたのち、予想もしなかった使い方をユーザーがすることにより、不慮の事故が発生する場合がある。この原因として、設計時には考慮していなかった不確実性がある。あなたの専門とする製品分野・技術分野において、機械設計の技術士としてどのように取り組むべきか、以下の問いに答えよ。　　　　　　　　　　　　　　　　　　　　　（練習）

(1) 不確実性を考慮する設計手法として、あなたが検討すべきと考える項目とその要点を多面的に述べよ。

(2) これらの検討すべき項目に対して、あなたが最も重要であると考える技術的課題を1つ挙げ、解決するための技術的提案について述べよ。

(3) あなたの技術的提案がもたらす効果を具体的に示すとともに、その中に潜むリスクについても述べよ。

　安全に対する対策は、機械部門の技術者であれば、常に考えていなければならない設計条件といえます。そういった視点で考えると、機械部門においては出題数が少なすぎるともいえます。他の技術部門の状況を考慮すると、今後は出題が増える可能性があると考えますので、事前に基礎的な知識を勉強しておく必要がある事項といえます。

　機械分野の安全に関しては、ISO 12100という機械類の安全性を確保するた

めの国際標準規格があり、ISO 12100では、用語を次のように定義しています。

① 信頼性

　　機械、コンポーネントまたは設備が指定の条件のもとで、ある定められた期間にわたって故障せずに要求される機能を果たす能力

② 保全性

　　"意図する使用"の条件下で、機能を果たすことのできる状態に機械を維持できるか、または指定の方法で、指定の手段を用いて必要な作業（保全）を行うことにより、機能を果たすことのできる状態に機械を復帰させることができる能力

③ 使用性

　　機械の機能を容易に理解できることを可能にする特質または特性等によってもたらされる、容易に使用できる機械の能力

④ リスクアセスメント

　　リスク分析およびリスクの評価を含むすべてのプロセス

⑤ 危険源

　　危害を引き起こす潜在的根源

⑥ 本質的安全設計方策

　　ガードまたは保護装置を使用しないで、機械の設計または運転特性を変更することによって、危険源を除去するまたは危険源に関連するリスクを低減する保護方策

⑦ 安全防護

　　本質的安全設計方策によって合理的に除去できない危険源、または十分に低減できないリスクから人を保護するための安全防護物の使用による保護方策

⑧ 安全機能

　　故障がリスクの増加に直ちにつながるような機械の機能

⑨ 使用上の情報

　　使用者に情報を伝えるための伝達手段（例えば、文章、語句、標識、信号、記号、図形）を個別に、または組み合わせて使用する保護方策

　また、一般的な保護方策として、設計者によって講じられるものと、使用者
によって講じられるものがありますが、ISO 12100では設計者によって講じら
れる方策を規定しています。設計者によって講じられる方策は、次の3つのス
テップで行われるとされています。

① 　本質的安全設計方策

② 　安全防護及び付加保護方策

③ 　使用上の情報

なお、使用者によって講じられる方策としては次のものがあります。

ⓐ 　組織（安全作業手順、監督、作業許可システム）

ⓑ 　追加安全防護物の準備および使用

ⓒ 　保護具の使用

ⓓ 　訓練

　また、世界の中でも災害の要因が多く存在している我が国にとって、災害か
ら安全性を確保することは、事前に考えなければならない設計者共通の問題と
いえます。インフラの老朽化に関連した問題が、平成25年度試験に出題されて
いますが、その後は出題されていません。インフラ・機械設備の老朽化に伴い、
機械設備の安全性を確保するために維持管理手法や改修対策の検討が必要とな
りますので、機械技術者としてはある程度関心を持って現在の状況や今後の動
向に注目する必要があると考えます。

【キーワード】

　プロジェクトマネジメント、リスクマネジメント、安全性向上技術、安
全神話、危機管理、災害広報システム、遠隔監視、センサ技術、ハザード
マップ、レスキューロボット・技術、安全防護装置、ロック機構・装置、
暴走防止、緊急停止装置、警報装置、復旧対策、耐震性向上、安全工学手
法、安全確認システム、システム信頼度解析、インターロック、設計情報
の共有化、ナレッジマネジメント、データベース化、設備診断技術、RBI、
RBM、定期点検、劣化予想技術、保安装置、緊急遮断装置、監視装置、
余寿命評価技術、製造物責任法（PL法）、消費生活用製品安全法、SGマー
ク、PSマーク、信頼性設計、消費者の保護、警告表示、製品安全、品質

保証、検査技術の向上、事故の予測、劣化防止、製品ライフサイクルでの
安全性の評価、ライフサイクル・アセスメント、設計時点からの安全性考
慮、わかりやすい取扱説明書、取扱説明書への警告記載　など

(3) 高齢化

○　我が国では、2010年から2025年までの15年間で、社会全体の高齢化率
（65歳以上人口の割合）が23％から30％に大幅に上昇すると予想されてい
る。2025年時点で介護職員は34万人不足する見込みである。このような
状況の中で、高齢者の移動、入浴、排泄、他の支援の際に、介護者の負担
を軽減するための介護機器、歩行等を補助する介護機器、認知症の人を見
守る介護機器などが開発されている。新たな介護機器を開発し、普及させ
るには、介護される高齢者と介護者の双方のニーズを把握し、それに応じ
た機器を開発することが必要である。今後もこのような介護機器の役割は
ますます重要になると考えられ、その開発には最新のロボット技術や情報
処理技術などの活用が期待されている。　　　　　　　　　　（R1－1）

(1) 介護機器の開発・設計・導入・普及に関して、具体的な介護機器の例
を1つ挙げ、機械設計の技術者としての立場で、多面的な観点から課題
を抽出し分析せよ。

(2) 抽出した課題のうち最も重要と考える課題を1つ挙げ、その課題に対
する複数の解決策を示せ。

(3) 解決策に共通して新たに生じうるリスクとそれへの対策について述べ
よ。

○　経済産業省と厚生労働省によって提案された「ロボット介護機器開発
5ヵ年計画」においては、介護者の負担を低減するための介護機器、歩行
等をアシストする介護機器、認知症の人を見守るための介護機器などが提
案されている。今後の社会において、このような介護機器の役割はますま
す重要になっていくと考えられる。このような現在の日本の社会背景から、
以下の問いに答えよ。　　　　　　　　　　　　　　　　　　（H27－2）

(1) 具体的な介護機器の例を1つ挙げて、その機器の開発・設計・導入・

普及のために発生するであろう課題はどのようなものがあるかを、機械
設計者の観点から多面的に述べよ。

(2) (1) で述べた課題に対し、あなたが最も大きな課題と考える項目を
1つ挙げ、その課題を解決するための具体的方策を提案せよ。

(3) (2) で述べた提案がもたらす効果やメリットを示すとともに、そこに
潜むリスクやデメリットについて述べよ。

○ 我が国では高齢化が進む中、様々な分野の機械・機械システムにおいて、
高齢者の身体的あるいはその他の特性に配慮した設計が求められるように
なっていくものと考えられる。ここで機械設計を専門とする技術士として、
あなたは専門とする機械の新製品開発に中心的に取り組むことになった。
このような状況において、以下の問いに答えよ。　　　　　　　(練習)

(1) あなたが専門とする機械の中から開発対象とする製品を具体的に1つ
挙げ、このような設計を実現するために検討すべき事柄を多面的に述べ
よ。

(2) (1) の検討すべき項目から最も重要と考えるものを1つ挙げ、その課
題を解決するための技術的提案を示せ。

(3) その技術的提案を実現するために、どのような技術開発が必要かを述
べよ。

　高齢化は、社会的に注目されている問題です。今後、ますます高齢化は進ん
でいくと予想されていて、さらに大きな問題となると考えます。そういった点
で、機械部門の製品に直接影響する性能については、高齢化に対応した機能を
有するものになっていくことが考えられます。また、労働者の高齢化に伴い、
製品を生み出す製造工程の変革など、多くの視点から話題を提供すると考えら
れます。

　高齢化率は平成30年版の高齢社会白書によると、平成29年10月で約27.7%
ですが、今後はさらに増加する方向にあり、令和元年版の高齢社会白書による
と、2065年には、高齢化率は38.4%になると推定されています。平均寿命も、
平成29年時点で男性が81.09年、女性が87.26年となっていますが、令和47年
(2065年) には、男性が84.95年、女性が91.35年を超えると推定されています。

　高齢者は若い人に比べて、何らかの障害や弱点があるため、これからはユニバーサルデザインに配慮したまちづくりや設備計画、機械設計を推進していかなければなりません。

　なお、ユニバーサルデザインの基本は、次の7つの原則になります。

　　原則1：誰にでも公平に利用できること

　　原則2：使ううえで自由度が高いこと

　　原則3：使い方が簡単ですぐわかること

　　原則4：必要な情報がすぐに理解できること

　　原則5：うっかりミスや危険につながらないデザインであること

　　原則6：無理な姿勢をとることなく、少ない力でも楽に使用できること

　　原則7：アクセスしやすいスペースと大きさを確保すること

　ユニバーサルデザインを前提とした法律として、「高齢者、障害者等の移動等の円滑化の促進に関する法律」（バリアフリー新法）が制定されていますし、「公共交通機関の旅客施設に関する移動等円滑化整備ガイドライン」も策定されています。これらに基づいて、最近では多くの施設ではバリアフリー化工事や改善計画が積極的に行われています。機械分野においては、高齢者をサポートする機器や設備なども多くありますので、このような分野の方向性について考えておく必要があります。具体的な例としては、介護ロボットや歩行補助装置などの活用が求められています。介護用のロボットの市場は、2012年の2億円弱から2020年には約350億円に拡大すると推定されています。また、超高齢社会においては、生活環境を情報化によって整備していく手法も重要となります。そういった点で、製品やサービスを高度化していくだけではなく、複雑な機械操作を受け入れられない高齢者が増加する社会環境になりつつある点を技術者も認識しなければなりません。

【キーワード】

　バリアフリー法のポイント、バリアフリー化の技術、ユニバーサルデザインの手法、情報ネットワーク、ユビキタス社会、少子・高齢化への対応、介護関連の機器・器具、バリアフリー社会の形成、バイオメカニクス、医療機器・ロボット、介護機器・ロボット、福祉機器・ロボット、生活支

援・ロボット、産業・ロボット、人工臓器、生体適合材料、利便性の向上、安全性・信頼性の向上、マンマシンインターフェース、機能性確保、移動性、ヒューマノイド、認識処理技術（音声、対話、姿勢認識など）、センサ技術（ビジョン、触覚など）、マニピュレータ制御、人追従移動制御、五感フィードバック制御、多機能ハンド、次世代技術の開発、再生医療など

(4) 技術継承

○　近年、豊富な経験およびノウハウを有する技術者の高齢化が進む一方で、後継者不足や生産拠点の海外移転に伴う人材空洞化等により、我が国のものづくりに関わる高度な研究・開発や設計・製造に関する技術を伝承することが困難になっている。そこで、先人のノウハウや知識を組織的に継承して技術力を維持・向上する仕組みの構築が求められている。このような社会的状況を考慮して、以下の問いに答えよ。　　　　　　　　（H29－2）

(1) ものづくりに関わる高度な研究・開発や設計・製造に関する技術を効率的にかつ早期に伝承するために実施されている仕組みや方法を3つ挙げ、それぞれについて特長と問題点を述べよ。

(2) (1)で挙げた技術を伝承するための仕組みや方法の中で、最も効果的と考えるものを1つ選び、その問題点を解決するための提案を示せ。

(3) (2)で挙げた提案がもたらす効果と留意点を具体的に述べよ。

○　「失敗学」では、起こってしまった失敗に対し、物理的・人為的な直接原因と、背景・環境・組織を含む根本原因を究明する。それらの原因分析から教訓を得て、同じような失敗を繰り返さないように対策を講じる。また、得られた知識を社内の他部門や公共に対して公開することで水平展開をはかる。すなわち、①原因究明、②失敗防止、③知識配布が「失敗学」の核となる。既存製品に不具合が発生し、あなたが原因究明と再発防止の責任者であるとして、次の設問に答えよ。　　　　　　　　（H28－1）

(1) 強度不足など製品不具合の直接原因の例を1つ挙げ、それに至る根本原因として考えられるものを多面的に述べよ。

（2）（1）で述べた根本原因のうち、あなたが重要と考えるものを1つ挙げ、再発防止をはかるための提案を示せ。

（3）（2）の提案だけでは、防止しきれないリスクあるいは限界について説明せよ。

○　機械設計では、過去に発生した問題点やトラブルから構造などを改良して、安全かつ使用環境に満足した製品を製作することが重要である。問題点やトラブルの原因を究明して、それを改良することで、新規設計になり特許出願が可能な場合もある。また、情報を公開することで若手技術者の教育になることも考えられる。機械設計に関する問題点やトラブルから設計改良を実施する責任者であるとして、次の設問に答えよ。　　　（練習）

（1）設計上で製品不具合となった事例を1つ挙げ、発生原因として考えられる課題を多面的に述べよ。

（2）（1）で述べた課題のうち、あなたが重要と考えるものを1つ挙げ、問題解決のための対応策を提案せよ。

（3）（2）の提案を遂行する方策について、防止しきれないリスクと限界も含めて説明せよ。

　人口減少がもたらす技術分野への影響の1つとしては、技術継承の問題があります。長い経験に培われた技術を持った人たちが現役を引退していく中で、個人が保有している技術を次世代にどうやって継承していくかは、喫緊に考えなければならないテーマとなっており、残された時間は少なくなっています。技術継承問題によって起きている現象の例として、技術力不足による不具合の発生や、安全意識の喪失による事故の発生といった問題がすでに顕在化しています。そういった現実から、生産性や技術力の向上を図っていくために、新たな取組みが求められています。それに対して、文部科学省では2015年3月に「理工系人材育成戦略」を策定し、2020年度末までに集中して進めるべき3つの方向性と10の重点項目を次のように公表しています。

　○戦略の方向性1：高等教育段階の教育研究機能の強化

　　　　重点1：理工系プロフェッショナル、リーダー人材育成システムの強化

　　　　重点2：教育機能のグローバル化の推進

重点3：地域企業との連携による持続的・発展的イノベーション創出

重点4：国立大学における教育研究組織の整備・再編等を通じた理工系
人材の育成

○戦略の方向性2：子供たちに体感を、若者・女性・社会人に飛躍を

重点5：初等中等教育における創造性・探究心・主体性・チャレンジ精
神の涵養

重点6：学生・若手研究者のベンチャーマインドの育成

重点7：女性の理工系分野への進出の推進

重点8：若手研究者の活躍促進

重点9：産業人材の最先端・異分野の知識・技術の習得の推進～社会人
の学び直しの促進～

○戦略の方向性3：産学官の対話と協働

重点10：「理工系人材育成―産学官円卓会議」（仮称）の開催

【キーワード】

技術伝承、工学教育、技術者倫理、知識データベース、暗黙知の可視化、
ノウハウの蓄積・情報共有化、エキスパートシステム、知的財産権、工業
所有権、研修制度、継続教育、OJT、動機付け、体験学習の機会創出、広
報活動、技術コンテスト（ロボットコンテストなど）、成果評価システム、
産官学の連携、技術の優位性確保、運転支援システム　など

---

(5) 情報化

○　機械設計において、平面図などの2次元環境から3D－CADを中心とし
た3次元環境への適用が拡大している。3D－CADデータはCAM、CAE
との連携が進み適用範囲が拡大するとともに、3Dプリンタ（積層造形）や
VR（仮想現実）などの近年進歩が著しい3D技術についても適用が進めら
れている。あなたが3D環境での新たな設計技術の導入と適用を3年計画で
企画し推進する立場にあるとして、以下の問いに答えよ。　　（H30－2）

(1) 対象となる製品を1つ挙げ、3D技術の適用内容と予想される効果を

3年計画以降の将来像も含めて述べよ。

(2)　(1) で挙げた3D技術を適用の際に最も重要となる技術的課題を示し、具体的な解決策を提案せよ。

(3)　(2) で提案した解決策に潜むリスクについて述べよ。

○　近年、人工知能（AI：Artificial Intelligence）を活用したサービスが実用化されたというニュースや、人工知能が将棋や囲碁の棋士を破ったというニュースが報道されるようになった。このように人工知能が実用化レベルに達してきた要因として、インターネット等により膨大なデータの収集が容易にできるようになったことや、機械学習と呼ばれる人工知能の技術を用いることにより、収集したデータからコンピュータ自体が学習し、正確な判断が可能となってきたことが挙げられる。例えば、汎用AIと呼ばれるシステムが開発され、目標や入出力データを与えるだけで使えるようになっている。

今後、人工知能は「ものづくり分野」や我々の生活を支える多くの製品に応用されていくことが予想される。しかし、そのためには人工知能の研究開発に加え、人工知能が正しい判断を行えるようにするための周辺技術の向上なども必要であると考えられる。

あなたが機械設計において人工知能を活用する立場であるとして、以下の問いに答えよ。　　　　　　　　　　　　　　　　　　　　　（H28－2）

(1)　現段階において、人工知能を活用することが有効と考えられる機械設計プロセスを1つ挙げ、そこで重要となる技術的課題を述べよ。

(2)　(1) で挙げた技術的課題を解決するための方策を述べよ。

(3)　(2) の方策に潜むリスクについて述べよ。

○　2013年、米国のオバマ大統領は一般教書演説の中で、3Dプリンティング技術によるものづくりは、製造業の将来を牽引する新しい存在であると称えている。また、我が国では、2014年版ものづくり白書にて、「新しいモノの作り方として3Dプリンタを始めとする付加製造技術が、モノの作り方に大きな変革をもたらし得る技術であり、デジタルものづくりの流れを大きく進展させるものである。」との記述がある。このように近年、3Dプリンティング技術が注目されるようになったのは、従来にない高い自由

度でものが作れるようになり、製造業のありかたを大きく変えていくのではという期待がもたれているからである。3Dプリンティング技術を活用するとすれば、ものづくりの何が変わるかを想定して、以下の問いに答えよ。 (H27－1)

(1) 3Dプリンティング技術の普及によって、具体的な技術あるいは製品分野にどのような変革が想定されるか、また変革の結果、発生するであろう課題にはどのようなものがあるかを、機械設計者の観点から多面的に述べよ。

(2) (1)で述べた課題に対し、あなたが最も大きな課題と考える項目を1つ挙げ、その課題を解決するための具体的方策を提案せよ。

(3) (2)で述べた提案がもたらす効果やメリットを示すとともに、そこに潜むリスクやデメリットについて述べよ。

○ 製品開発において、製品の機能、性能、動作などの検討を行うために、コンピュータシミュレーションを用いた応力解析、機構解析、振動解析、伝熱解析、熱流動解析などが実施されている。これらはCAE（Computer Aided Engineering）と総称され、短期間で設計上の検討事項を調べることが可能となるので、製品の競争力を向上させるために不可欠な技術となっている。一方で、CAEの利用方法において様々な問題点も生じている。このような背景において、以下の問いに答えよ。 (H26－1)

(1) CAEの利用に関する課題を2つ挙げ、その内容を述べよ。

(2) あなたが挙げた2つの課題から1つを選び、それを解決するための具体的提案を述べよ。

(3) (2)の提案により生じ得るリスクについて説明し、その対処方法を述べよ。

CAD／CAM／CAEシステム、AI、シミュレーションなどの情報技術を使った問題がこれまで多く出題されています。この選択科目で特有の技術に特化した問題も出題されていますが、基本的には、実際の業務を担当していれば検討する機会がある内容です。

過去に出題されていないIoTについて以下にその概要を説明しますが、受験

者が業務で実施している機械装置・システム・製品で適用するにはどのような
課題があるかを勉強しておいてください。

　IoT（Internet of Things）（モノのインターネット）とは、「コンピュータな
どの情報・通信機器だけでなく、さまざまなモノ（物）に通信機能を持たせて
インターネットに接続したり相互に通信することにより、必要な情報に応じて
自動認識・自動制御・遠隔計測などを行うことにより価値を創造する仕組みで
ある。」といえます。ちなみに、機械（マシン）間の通信はM2M（Machine to
Machine）といいます。このようにモノがインターネットに繋がり、利便性や
生産性の向上などの "価値" が生まれるといった概念は新しいものではありま
せんが、センサ、ネットワーク、コンピュータの3つのイノベーションが要因
となり、IoT時代が現実のものとして立ち上がりつつあります。IoTは、以下
の3つの要素で構成されます。

Ⓐ　モノ（機械・装置などすべての物、または設備情報などの資産も含む）
　　そのもの

Ⓑ　それらのモノを相互に接続する通信ネットワーク

Ⓒ　モノが送受信するデータを処理して利用するためのコンピューティング・
　　システム

なお、実際に行う場合には、以下のステップが基本的な流れとなります。

①　「センサ」でモノから必要な情報を取得する（センシング）
　　　「センサ」には、温度や湿度センサ、モノとの距離を測定するセンサ、
　　音声を取得するものなどさまざまな種類があります。これらによって、モ
　　ノから情報を取得することがIoTのスタートです。

②　インターネットを経由して「クラウドサーバ」にデータを蓄積する

③　サーバに蓄積されたデータを分析する
　　　データを分析するために、ここで「人工知能」が活躍するでしょう。
　　データとして①のセンサ情報に加えて、インターネットから得られるあら
　　ゆる情報（ビッグデータ）からも必要に応じて情報を得る必要があります。

④　分析結果に応じてモノが最適化するように活動する
　　　分析結果に応じた情報がコンピュータやスマートフォンに表示される、

分析結果に応じてモノが最適化を図るために動作する、が行われます。言い換えれば、「フィードバック」される、ということです。

【キーワード】

人工知能（AI）、IoT、ビッグデータ、データベース、機械学習、深層学習（ディープラーニング）、自動運転技術、情報ネットワーク、クラウド技術、ハイパフォーマンス（スーパー）コンピュータ、シミュレーション技術、複合解析、3Dプリンタ、CAD／CAM／CAEシステム、情報化対応技術、インターネット、知識データベース、エキスパートシステム　など

---

(6) 国際化

○　工業製品の設計・生産・販売のグローバル化の進展に伴い、国際標準化に関する取組の重要性が増している。例えば、JISや社内規格等の国内規格をそのまま使い続けることがビジネス上のリスクとなる可能性があり、国際規格との整合を考慮して国内規格を新たに整備あるいは更新することが必要になる場合も考えられる。このような状況を考慮して、以下の問いに答えよ。　　　　　　　　　　　　　　　　　　　　　　　　　　　　（R1－2）

(1) 具体的な製品の例を1つ挙げ、機械設計技術者としての立場で多面的な観点から国際標準化に関する課題を抽出し分析せよ。

(2) 抽出した課題のうち最も重要と考える課題を1つ挙げ、その課題に対する複数の解決策を示せ。

(3) 解決策に共通して新たに生じるリスクとそれへの対策について述べよ。

○　製品のグローバル化が進んでいるが、製品開発に関わる技術者にとって、製品が国際的な市場でどのような競争力を持っているかは重要な問題である。常に製品競争力の向上に努めないと、たとえ現時点では市場で優位性を持っていても、いずれ競争力を失ってしまう。このような状況を考慮して、機械設計に携わる技術者として、以下の問いに答えよ。　　　（練習）

(1) 対象とする製品を1つ選び、その機器の製品競争力を決定する要因は何かについて多面的に複数を挙げ、それらの国際的な競争力を向上する

課題を述べよ。

(2) あなたが上で挙げた課題の中から、重要であると考えるものを1つ選び、それについて製品の国際競争力を高めるための技術的提案を示せ。

(3) あなたの技術的提案を遂行する方策について、効果及び潜むリスクも含めて説明せよ。

製品のグローバル化により、国際的なものづくりの仕組みを考える必要があります。その点では、ものづくり分野での競争力が落ちてきているといわれている我が国の技術者にとっては、喫緊の問題だといえます。また、サプライチェーンが国際化しているために、さまざまなリスクが影響を及ぼす可能性がある分野でもありますので、選択科目（Ⅲ）としては、出題しやすい問題を包含している項目と考える必要があります。

製品の国際競争力を向上させること、また、世界的に新しい機能を備えた製品を普及させていくためには、国際標準化戦略が欠かせません。日本はこれまで標準化では後れを取る傾向にありましたが、今後は標準化に積極的に取り組んでいく必要があります。

【キーワード】

　日本産業規格（JIS）、国際規格、国際標準化機構（ISO）、規格化の手順、データベース化、データ検索、情報検索、国際認証取得、規格化の意義、情報共有化、デファクトスタンダード、グローバル化への対応、国際競争力の強化・向上、国際協調、部品の共有化、PL訴訟への対応、利便性、リサイクル率の向上、国際貿易推進　など

2. 材料強度・信頼性

「材料強度・信頼性」は、旧選択科目「材料力学」を継承しており、そこで出題されている問題は、環境・エネルギー、インフラ老朽化、安全性・信頼性工学、情報化に大別されます。なお、解答する答案用紙枚数は3枚（1,800字以内）です。

（1）環境・エネルギー

○ 現在、地球環境の保全が大きな問題となっており、機械や構造物の設計開発においても環境に及ぼす影響を考慮する必要が生じている。一方で、機械はこれまで人間社会をさまざまな意味で豊かにしてきたことも事実である。あなたが、機械や構造物の強度設計の責任者であったとして、以下の問いに答えよ。　　　　　　　　　　　　　　　　　　　　　（H30−2）

（1）機械や構造物、あるいはそれらを用いたシステムを具体的に提示し、そのライフサイクルを通じて環境に及ぼす悪い影響を多面的に述べよ。

（2）（1）で述べた事項のうち、重要と考えるものを1つ選び、それを材料や強度の観点から解決するための具体的な技術的な提案を述べよ。

（3）（2）の提案の想定される効果及び懸念されるリスクについて述べよ。

○ 風力、地熱、太陽光などの再生可能エネルギーは我が国にとって重要なエネルギー源である。近年、再生可能エネルギー利用の拡大が政策として取り上げられ、新しい再生可能エネルギー発電設備の導入が進んできている。しかし、それに伴い、エネルギー供給の全体調和を含めて、様々な社会的あるいは技術的な課題が顕在化してきている。このような背景の下、あなたが材料力学に関わる機械技術者として、再生可能エネルギー発電の技術開発を推進する立場に立ったとして以下の問いに答えよ。

　　　　　　　　　　　　　　　　　　　　　（H27−2）

(1) 具体的な再生可能エネルギー発電を想定し、利用の拡大を図る上での課題を多面的に述べよ。

(2) (1) で述べた課題のうち、設備の信頼性の観点から重要と考えるものを1つ選び、それを解決するための具体的な技術的提案を述べよ。

(3) (2) の技術的提案の効果、及び想定されるリスクについて述べよ。

○　エネルギー分野の技術開発の方向性として、エネルギーコストの低減、エネルギーセキュリティ確保及び環境負荷の軽減に資するものを重点的に取り扱うことが必要である。これらの観点から、あなたの専門とする分野のエネルギー消費低減について、以下の問いに答えよ。　　　　　（練習）

(1) エネルギー消費低減の対象とする技術を1つ選定し、選定した技術について説明するとともに、エネルギー消費低減を進めるために重要と考える課題を多面的に述べよ。

(2) (1) で挙げた課題のうち最も重要と考える課題を1つ挙げ、その課題に対する複数の解決策を示せ。

(3) 解決策に共通して新たに生じうるリスクとそれへの対策について述べよ。

○　最近では海洋開発や宇宙開発が進められてきており、従来よりも厳しい環境下で機械や装置が使われるケースが増えてきている。また、特殊環境に使用できるエネルギーも限定されてくると考える。そのため、機械や装置に用いられる材料に関しても、これまでよりは厳しい要求がなされるようになってきている。このような状況を考慮して、以下の問いに答えよ。

（練習）

(1) 特殊環境条件を自ら設定し、機械や構造物に使用される材料が、そのライフサイクルを通じて環境に及ぼす課題を多面的に述べよ。

(2) (1) で述べた課題のうち、重要と考えるものを1つ選び、それを材料や強度の観点から解決するための具体的な技術的提案を述べよ。

(3) (2) の提案の想定される効果及び懸念されるリスクについて述べよ。

第4章「1. 機械設計」の (1) 項を参照してください。

(2) インフラ老朽化

○　安心・安全が強く求められる社会になっている。そのため、社会インフラとしての構造物の老朽化や汚染への対応が急務となっており、構造物や機械を対象とした構造ヘルスモニタリング技術が開発されている。このような状況を考慮して、以下の問いに答えよ。　　　　　　　　　(H29－2)

(1) 構造ヘルスモニタリング技術を適用するために必要となる技術について、材料力学的な視点から多面的に述べよ。

(2) (1)で述べた技術のうち、具体的な構造物や機械を1つ想定し、必要とされる技術を2つ選んでその技術的課題について述べよ。

(3) (1)で述べた構造ヘルスモニタリングを適用することによって期待される効果、及び想定されるリスクについて述べよ。

○　鉄道、道路、橋梁及び発電設備などの社会インフラについては、老朽化した設備の維持・改修に加えて、新規設備の建設も検討されている。新規設備の建設に当たっては、初期の設計段階で、長期間の信頼性を確保するための工夫が必要である。　　　　　　　　　　　　　(H26－1)

(1) 新規設備を具体的に想定して、初期設計段階においてあなたが重要と考える課題を多面的に述べよ。

(2) (1)で挙げた課題から重要なものを1つ選び、材料力学の観点から、課題解決のための具体的な技術的提案を述べよ。

(3) (2)の技術的提案の効果及び想定されるリスクについて述べよ。

○　我が国の社会インフラ設備は高度経済成長期に整備されたものが多く、それらは建設後既に数十年を経過しているため、老朽化が懸念されている。このような状況を踏まえ、以下の問いに答えよ。　　　　　　　(H25－2)

(1) 経年化した社会インフラ設備の維持・管理において検討すべき項目を列挙せよ。

(2) これらの検討項目のうち、あなたが最も重要な技術的課題と考えるものを1つ挙げ、その理由とともに、それを解決するための技術的提案を示せ。

(3) その提案を実行に移すことによる効果を具体的に示すとともに、生じ得るトラブルとその対処方法を述べよ。

○　我が国は世界有数の地震国であり、数多くの活断層が全国各地に存在することに加えて、活断層の存在が知られていない地域でも地震が発生するなど、いつどこでも地震が発生し得る状況にある。また、近年では、予想しなかった地域で想定外の大規模地震に見舞われている。今後は、南海トラフ地震、首都直下型地震等の大規模な地震発生が懸念されている。その一方で、機械設備等のインフラの老朽化が進んでいる。このような状況を考慮して、以下の問いに答えよ。　　　　　　　　　　　　　　（練習）

(1) 地震による被害を最小限にする視点で、過去に製作した機器やシステムの問題点や課題は何かを、多面的に述べよ。

(2) (1) で抽出した課題のうち最も重要と考える課題を1つ挙げ、その課題に対する複数の解決策を示せ。

(3) 解決策に共通して新たに生じうるリスクとそれへの対策について述べよ。

インフラ老朽化の問題は、平成30年度試験までは機械部門の約半分の選択科目で出題されていた事項です。出題している選択科目は、道路や鉄道、電力システムに関わる選択科目と、インフラ老朽化の対策として活用が期待されている技術や材料に関わる選択科目になっていました。この傾向は今後も続くと考えられますが、技術者としては社会的に問題になっている社会資本の老朽化については、ある程度関心を持って現在の状況や今後の動向に注目する必要があると考えます。

最近では、インフラの老朽化による事故が増えており、適切な維持・更新対策が必要という意識が強まっています。インフラ施設では、鉄道や電力などの機械分野の技術が中核になっているものだけではなく、道路や港湾施設のように機械装置がそのインフラを支えているものも多くあります。このような点で、機械設備の維持手法や改修対策の検討が必要となります。

インフラとは、人が社会生活や経済活動を行ううえで必要な構造体や仕組みで、社会の基盤となるものをいいます。インフラ整備の目的は、利便性を高めて社会を豊かにすると同時に、生活環境の快適性を高めることにありますが、インフラの整備には20〜50年がかかりますので、長期的な視点で取り組まなけ

ればなりません。また、インフラを整備する際には、大規模な土木工事なども発生しますので、開発の過程で自然環境を改変する場合も多く、それが自然破壊をもたらす結果となったり、開発の結果が自然の脅威をより受けやすくなるリスクを高めてしまったりする場合もあります。インフラの種類は多彩ですが、主なものを整理したのが、図表4.2.1となります。これをみると、機械部門の技術者が関わるものが多いのがわかります。

図表4.2.1 インフラの種類

施設項目	社会資本（例）
交通施設	道路、鉄道、トンネル、橋梁、港湾施設、空港施設
エネルギー施設	発電所、送電施設、変電所、ガス施設、石油施設
通信施設	有線通信施設、無線通信施設、放送施設、郵便事業
水関連施設	上水道、工業用水道、下水道、水路
生活環境施設	住宅、社会施設、病院、保健衛生施設、福祉施設、公園、廃棄物処理施設
教育施設	学校、文化施設、体育施設
国土保全施設	治山、森林管理、河川管理、防災施設
農林漁業施設	かんがい施設、ほ場整備、林業整備、漁場整備

【キーワード】

　耐用年数、経年劣化、劣化損傷、材料劣化、クリープ損傷、疲労破壊、維持管理、構造ヘルスモニタリング、保全活動、予防保全、事後保全、時間計画保全、定期保全、経時保全、状態監視保全、緊急保全、劣化診断、アセットマネジメント手法、センサ技術　など

(3) 安全性・信頼性工学

○　機械システムでは局所的な破壊が大規模な構造破壊に発展し、大事故に至ることがある。このような状況を踏まえて、以下の問いに答えよ。

（R1－1）

(1) 局所破壊から大規模破壊に至る可能性のある事象を具体的に設定してその概要を示すとともに、大事故を防止あるいは被害を軽減するため、技術者の立場で多面的な観点から課題を抽出し分析せよ。

(2) 抽出した課題のうち最も重要と考える課題を1つ挙げ、その課題に対する複数の解決策を示せ。

(3) 解決策に共通して新たに生じうるリスクとそれへの対策について述べよ。

○　機械構造物の設計においては、顧客の多様なニーズに応えるために基本型から多くの型式の製品を派生させて対応することがある。このような製品の強度設計を担当する技術者として、以下の問いに答えよ。（R1−2）

(1) 具体的な製品を選定してその概要を示すとともに、時代とともに変化する社会の要請を踏まえつつ、技術者としての立場で多面的な観点から課題を抽出し分析せよ。

(2) 抽出した課題のうち最も重要と考える課題を1つ挙げ、その課題に対する複数の解決策を示せ。

(3) 解決策に共通して新たに生じうるリスクとそれへの対策について述べよ。

○　品質関連の不正（素材品質データ改竄、製造時の図面指示厚さ不足）が相次いでいる。あなたが、製品メーカの強度設計の責任者であったとして、以下の問いに答えよ。　　　　　　　　　　　　　　　　　　（H30−1）

(1) 量産品を製造した後、出荷前に素材メーカから強度が要求仕様をわずかに満足しないとの報告があった。最終製品を具体的に提示し、契約上の要求仕様に満たない品質の材料を特別に採用する可否を判断するため、材料強度の観点から検討すべき重要な項目を3つ挙げ、それらの検討プロセスについて具体的提案を述べよ。

(2) 出荷後に板厚が設計仕様を満足していないことが判明した。最終製品を具体的に提示し、製品の継続使用の可能性を評価するため、材料強度の観点から検討すべき重要な項目を3つ挙げ、それらの検討プロセスについて具体的提案を述べよ。

(3) (1) あるいは (2) に対して、想定される効果と課題について、リス

ク及びコストの観点を含めて述べよ。

○ 工業製品の信頼性が、予期せぬ変形や破壊によって損なわれ、不具合が生じることがある。この場合、原因を特定する必要があると同時に、同じ不具合が生じないようにするための対策も併せて必要になる。あなたが、不具合を対策する材料強度分野の責任者であるとして、以下の問いに答えよ。 (H29－1)

(1) 具体的な工業製品を1つ想定し、不具合の原因となる事象を系統的に細分化して、原因を特定する手法について多面的に述べよ。

(2) 破壊により信頼性を損なう事例を1つ想定し、(1) で示した手法のうち1つを用いて、原因の特定と再発防止策について提案せよ。

(3) (2) で示した原因の特定と再発防止策について、技術的な限界を説明せよ。

○ グローバル市場の拡大に伴い、製造業においても国際分業や地産地消体制への対応が進み、国境を越えた生産活動が盛んに行われている。開発、設計、製造の工程の一部若しくはそのすべてが、それぞれ異なる国や地域で行われる場合も少なくない。このような生産体制では、1つの地域で発生した品質の問題が、グローバルに拡大し、社会に大きな影響を及ぼす場合も考えられる。このような状況を考慮し、以下の問いに答えよ。

(H28－1)

(1) 具体的な機械を想定し、グローバルな生産体制における品質を確保していく上での課題を、材料力学的な視点で多面的に述べよ。

(2) (1) で述べた課題のうち、重要と考えるものを1つ選び、それを解決するための具体的な技術的提案を述べよ。

(3) (2) の提案の効果及び想定されるリスクについて述べよ。

○ 失敗学とは、起こってしまった失敗に対し、物理的・個人的な直接原因と背景的・組織的な根幹原因を究明する学問のことをいう。具体的には、客観的に失敗を分析し理解した上で、同じ誤りを繰り返さないようにするにはどうすれば良いかを考えることである。

あなたが製品開発における強度設計の責任者であったとして、次の設問に答えよ。 (H28－2)

(1) 製品開発における失敗経験をもとに再発防止のためにとるべき対策について、多面的に述べよ。

(2) (1) で述べた対策のうち、製品を設定してあなたが最も重要と考えるものを1つ選び、製品開発における実務に生かすために有効な技術的提案を示せ。

(3) (2) の提案により生じ得る技術上と経営上のリスクについて説明し、その対処方法を述べよ。

○　自動車の低燃費化は省エネルギーに関わる社会問題として非常に重要な課題であり、軽量化が進められている。一方で、事故時には、運転者や同乗者の安全を確保することが重要である。この低燃費化と事故時安全化を両立させるための方策として、材料力学の観点から自動車全体の構造はどうあるべきかについて複数解答せよ。　　　　　　　　　　　　　　　　(H25－1)

○　超高齢社会において、製品や部品の軽量化や高い信頼性の確保は不可欠である。このような状況を考慮して、あなたの専門とする製品分野・技術分野において、材料強度・信頼性工学に携わる技術者として以下の問いに答えよ。　　　　　　　　　　　　　　　　　　　　　　　　　　(練習)

(1) 新製品を開発する際に軽量化や高い信頼性を確保するために検討しなければならない項目を多面的に述べよ。

(2) これらの検討すべき項目に対して、あなたが最も重要であると考える技術的課題を1つ挙げ、その課題に対する複数の解決策を示せ。

(3) 解決策に共通して新たに生じうるリスクとそれへの対策について述べよ。

○　製品を安全・安心に使用するためには、製品寿命において必要な強度が確保されている必要がある。あなたの専門とする製品分野・技術分野において、材料強度・信頼性工学に携わる技術者として以下の問いに答えよ。

　　　　　　　　　　　　　　　　　　　　　　　　　　　　　　(練習)

(1) 製品のライフサイクルにおいて製品強度を確保するために、検討しなければならない項目を多面的に述べよ。

(2) これらの検討すべき項目に対して、あなたが最も重要であると考える技術的課題を1つ挙げ、解決するための技術的提案について複数述べよ。

(3) あなたの技術的提案がもたらす効果を具体的に示すとともに、その中に潜む脆弱性についても述べよ。

安全性については、第4章「1. 機械設計」の (2) 項を参照してください。

信頼性については、ISO 12100では「機械、コンポーネントまたは設備が指定の条件のもとで、ある定められた期間にわたって故障せずに要求される機能を果たす能力」として定義されています。

信頼性設計は、装置やシステムまたはそれらを構成する要素や部品が使用開始から設計寿命までのライフサイクル期間を通して、ユーザーが要求する機能を満足するために、故障や性能の劣化が発生しないように考慮して設計する手法です。

信頼性設計の目指すところは、製品のライフサイクルで以下の項目に対応することです。

① 故障が発生しないようにする

② 故障が発生しても機能が維持できるようにする

③ 故障が発生してもただちに補修できるようにする

信頼性設計には幾つかの手法がありますが、ここではフェイルセーフ設計、フールプルーフ設計と冗長性設計について、以下にその概要を記述します。

なお、これら以外の手法としては、FMEA（failure mode and effect analysis）、FTA（fault tree analysis）、信頼度予測、設計審査などがあります。FMEAとFTAは、設計段階で対象とする装置・システムの故障の原因を抽出する手法として広く活用されています。

(a) フェイルセーフ設計

フェイルセーフ設計とは、機械や装置では故障が必ず起こるという考えで、誤操作や誤動作によって機械に障害が発生した場合、被害を最小限にとどめるように常に安全側に制御できるように考慮して設計する手法です。例としては、以下のようなものがあります。

① ボイラーの安全弁は、ボイラーが異常運転になり内部の蒸気の圧力が最大使用圧力を超えると作動して、ボイラー本体の破壊事故を未然に防止します。

② 石油ストーブには、転倒すると自動的に消火する装置が設置されています。

(b) フールプルーフ設計

フールプルーフ設計とは、人間は偶発的なミスを犯すことを前提にして、人間が誤って操作しても機械が作動しないように設計する手法です。フールプルーフを直訳すれば「愚か者にも耐えられる」です。日本語では馬鹿除けまたは馬鹿避けとも言います。その意味するところは、「なんの知識をもたない者が取り扱っても事故には至らないようにする。」ということです。例としては、以下のようなものがあります。

① 洗濯機や脱水機は、フタを閉めないと回転しません

② 電子レンジは、ドアを閉めなければ加熱できません

③ オートマチック車は、フットブレーキを踏んで安全を確保しなければギアが入りません

(c) 冗長性設計

冗長性設計とは、機械のある部分が故障しても運転が続けられるように、余分に機器や装置を組み入れておくことです。

機械やシステムに故障したときに作動する二重の対策化を装備しておき、システム全体の信頼性を増加させる手法を冗長性といいます。機械は多くの部品から構成されていて、部品の1つが破損しても機械全体が連鎖的に停止してしまう場合がありますが、このようなことが起きないために、部品故障があっても他の部品によって機能を代替できるようにすることです。そのために、故障をあらかじめ考慮した部品を構成した機械とすることで、信頼度を高めることができます。適用例としは、二重化した安全装置など多数あります。

【キーワード】（第4章「1. 機械設計」の（2）項の追加分）

信頼性設計、フェイルセーフ設計、フールプルーフ設計、冗長性設計、FMEA、FTA、信頼度予測、設計審査、故障率、故障検知、余裕度の向上、故障モード、損傷評価、寿命評価、累積ハザード法　など

(4) 情報化

○ 製品の開発を行う場合、開発期間や開発コストの低減が要求されることが多くなっている。この場合、「試作」の一部を、「シミュレーション」に置き換える「試作レス」の製品開発プロセスが用いられることが多い。この状況を踏まえて以下の問いに答えよ。　　　　　　　　　（H27 - 1）

(1) 製品を具体的に想定し、開発プロセスでの「試作」と「シミュレーション」の役割を述べ、この製品の信頼性を確保するために、あなたが重要と考える課題を多面的に述べよ。

(2) (1) で挙げた課題から重要なものを1つ選び、製品の信頼性の観点から課題解決のための具体的な技術的提案を述べよ。

(3) (2) の技術的提案の効果及び想定されるリスクについて述べよ。

○ 製品開発において、製品の機能、性能、動作などの検討を行うために、コンピュータシミュレーションを用いた応力解析、振動解析、伝熱解析、熱流動解析、機構解析などが実施されている。これらはCAE（Computer Aided Engineering）と総称され、設計や製造上の検討事項を短期間で調べることが可能となるので、製品の競争力を向上させるために不可欠な技術となっている。一方で、CAEの利用方法において様々な問題点も生じている。このような背景の下で以下の問いに答えよ。　　　　（H26 - 2）

(1) CAEの利用に関する課題の中で、材料力学分野に最も関係が深いと思う課題を2つ挙げ、その概要を述べよ。

(2) あなたが挙げた2つの課題から1つを選び、それを解決するための具体的提案を述べよ。

(3) (2) の提案を実行したときに生じ得るリスクについて説明し、その対処を述べよ。

○ コンピュータシミュレーション技術の進展に伴い、機械装置、機械設備の研究開発においてコンピュータシミュレーション技術が材料強度を評価する応力解析手法として活用されることが多くなっている。シミュレーション結果の精度をより正確に評価すること（精度評価）と、所定の精度が得られるようにシミュレーション手法を管理すること（精度管理）の両者がますます重要な課題となっている。そのような状況を踏まえ、以下の

問いに答えよ。　　　　　　　　　　　　　　　　　　　　　（練習）

（1）コンピュータシミュレーションの利用における精度評価と精度管理に
　　係わる課題を多面的な視点から挙げ、具体的に説明せよ。

（2）抽出した課題のうち最も重要と考える課題を1つ挙げ、その課題に対
　　する複数の解決策を示せ。

（3）解決策に共通して新たに生じうるリスクとそれへの対策について述べ
　　よ。

第4章「1．機械設計」の（5）項を参照してください。

3. 機構ダイナミクス・制御

「機構ダイナミクス・制御」は、旧選択科目「機械力学・制御」、「交通・物流機械及び建設機械」、「ロボット」、「情報・精密機器」が統合された形になっており、それらで出題されている問題は、設計・開発、保全・老朽化・災害対応、高齢化社会、AI・IT・解析、その他に大別されます。なお、解答する答案用紙枚数は3枚（1,800字以内）です。

下記に示す問題末尾の（　）内の出題年度の前に付けた文字は、次の旧選択科目の問題であることを示します。

　　機：機械力学・制御、交：交通・物流機械及び建設機械、

　　ロ：ロボット、情：情報・精密機器

(1) 設計・開発

○　現代社会は気候変動、化石燃料の枯渇、大都市への人口集中など様々な問題を抱えている。このような社会において、持続可能な社会づくりのため科学的研究や技術開発を進めることは重要である。そして、例えば都市部における公共交通としての交通機械の技術開発は持続可能な社会づくりのキーワードの1つとなり得ると考えられる。

　そのような背景の中、あなたが新たにこの交通機械の開発を検討する責任者になった。このような状況において、次の各問いに答えよ。

　　　　　　　　　　　　　　　　　　　　　　　　　（機H30 − 2）

(1) 公共交通としての交通機械の例を1つ挙げ、その技術開発について、機械技術者として検討すべき課題を多面的に述べよ。

(2) (1)で挙げた課題からあなたが重要と思うものを1つ選び、機械力学・制御の観点から、課題解決のための具体的な技術的提案を述べよ。

(3) (2)の技術的提案について想定される効果及びリスクについて述べよ。

○　製品開発に当たって、開発期間の短縮や開発コストの圧縮を目的として、製品の一部に規格品や社外既成品（コモディティ）を利用し、他社製品との差別化の焦点となる自社開発領域に経営資源を集約化させる「コモディティ化戦略」が取られることがある。あなたが情報・精密機器のこのようなコモディティ化戦略の推進者に指名されたとして、以下の問いに答えよ。

（情 H30 － 1）

(1) コモディティ化戦略を進める際に考慮すべき問題を技術的、社会的、管理手法的等の複数の視点から3つ挙げ、その内容を述べよ。

(2) (1) で挙げた3つの問題の中から、最も重要と考えられる問題を1つ選び、それを解決するための具体的な提案とその効果を示せ。

(3) (2) の提案により生じるリスクについて説明し、その対処法を述べよ。

○　製品開発に当たっては、要求仕様の満足や性能評価に用いられるベンチマークテストでの高評価獲得が重要視される。しかし、要求仕様やベンチマークテストは製品性能の一面に過ぎないため、要求仕様満足やベンチマークテストでの高評価獲得のみを目的として特別なハードウェアやソフトウェアを採用してしまうと、通常の使用状態や多面的な評価では高性能とは言えない製品を製造・販売してしまうことになる。このような製品は消費者や社会の期待を裏切るものであり、近年では損害賠償の対象となる事例も見受けられる。これを踏まえて、以下の問いに答えよ。

（情 H29 － 1）

(1) 要求仕様満足やベンチマークでの高評価が難しい製品の開発に当たっては、社会に許容される範囲で仕様満足やベンチマークテストに特化した製品を開発する必要がある。情報・精密機器において、そのような製品が社会に許容されるための条件を多面的な観点から3つ挙げ、その内容を述べよ。

(2) (1) で挙げた3つの条件から、最も満足が困難と考える条件を1つ選び、それを満たすための具体的な提案とその効果を示せ。

(3) (2) の提案により生じるリスクについて説明し、その対処法を述べよ。

○　製品の信頼性は性能・価格と同様に製品の価値を定める重要な要素であり、信頼性の低い製品は市場から継続的な支持を得られない。そのため、

製品開発に従事する者は信頼性向上を常に念頭に置いて設計変更や新材料の採用などを行っているが、新原理に基づいた革新的な技術の採用により飛躍的に信頼性を高めることができる場合も多い。このような状況を考慮して情報・精密機器の開発責任者として以下の問いに答えよ。

（情 H29 － 2）

(1) 対象とする情報・精密機器を1つ選択し、その機器の信頼性を決定する主な要因を多面的な観点から3つ記述せよ。

(2) (1) で挙げた3つの要因の中から、最も重要と考える要因を1つ選び、それに関する革新的な技術的提案とその効果を示せ。

(3) (2) の提案により生じるリスクについて説明し、その対処法を述べよ。

○ 機構部品と制御装置を融合させることにより、高機能・高性能が得られ、高付加価値の製品となる。具体的な制御装置は、アナログとデジタル半導体デバイスが混在する電子回路で、その上で動作するソフトウェアにより機能が実現されている。このような製品の改修や新規開発を行う場合、担当者にはハードウェア及びソフトウェアにおける幅広い知識と技術が要求される。このような状況において、以下の問いに答えよ。（交 H28 － 1）

(1) 機構に制御装置を組合せ、機能・性能・精度等を向上させる製品を1つ挙げ、検討すべき項目を多様な観点から3つ挙げ、その内容について述べよ。

(2) (1) に示した中で重要な技術課題を選び、解決するための技術提案を示せ。

(3) (2) の提案のもたらす効果を具体的に示すとともに、それに潜むリスクについて述べよ。

○ 製品開発に携わる技術者にとって、製品が市場でどのような競争力を持っているかは重要な問題である。常に製品競争力の向上に努めないと、たとえ現時点では市場で優位性を持っていても、いずれ競争力を失ってしまう。このような状況を考慮して情報・精密機器の開発責任者として以下の問いに答えよ。

（情 H28 － 1）

(1) 対象とする情報・精密機器を1つ選択し、その機器の製品競争力を決定する主な要因を多面的な観点から3つ記述せよ。

(2)　(1) で挙げた3つの要因の中から、最も重要と考える要因を1つ選び、それに関する革新的な技術的提案とその効果を示せ。

(3)　(2) の提案により生じるリスクについて説明し、その対処法を述べよ。

　令和元年度試験の問題は、公共設備、医療現場で使用される機能不全を起こすことが許されない機械機器・装置の開発に関する問題と、人間がシステム内に介在して動作する協働システムの安全性の問題が出題されました。平成30年度試験までの問題と比較すると、令和元年度試験からは出題傾向が多少変わったようにも見えますが、機械装置の信頼性と、人と機械（ロボット）との共存の視点からの問題は過去にも出題されており、課題の捉え方の表現に変化があったと考えることができます。このように、自分が専門とする機械装置を対象に、世の中の技術動向を踏まえ、多くの視点から解答することを要求する問題が出題されるものと予想されます。

　過去の問題を分析すると、設計・開発に関するもの、保全・老朽化・災害対応、高齢化社会への対応、AI・IoT・CAE、国際展開、技術伝承、企業倫理、技術ロードマップなど、多岐にわたる問題が出題されています。過去の出題問題を参考に、世の中の動きやニーズと、先進的な技術展開を念頭に、対応を考える必要があります。

　設計・開発については、過去に持続可能な社会づくりのための研究・技術開発、コモディティ戦略、製品の信頼性、ベンチマークテスト、機構部品と制御装置との融合の問題が出題されています。いずれも、世の中のニーズを捉えて、自分が専門とする機械装置を対象に論述する形式であり、社会性と専門性の両方の視点から多面的に問題を分析し、対応することが求められています。

【キーワード】

　持続可能な社会、コモディティ化、開発期間短縮、機構部品と制御装置の融合、海外展開、感性を考慮した評価、ユーザビリティ、レトロフィット、モデルベース開発、設計標準化、競争力向上、開発期間短縮、革新的な新製品、コンピュータシミュレーション、CAE、最適設計、小型化、省エネルギー、安全性向上、信頼性向上、安全防護装置、緊急停止装置、

> 警報装置、耐震性向上、リスク管理、不確実性、フェイルセーフ設計、
> フールプルーフ設計、冗長性設計　など

(2) 保全・老朽化・災害対応

○　我々の社会は実に多くの機械に支えられている。特に電力や上下水道等
　のライフライン維持や医療現場等に使われている機械は、健全に稼働し続
　けることが求められ、予期せず機能不全を起こすことは人命や我々の生
　活に大きな影響を直接与えてしまうことになる。そして、このような製品
　開発においては、その利用目的に合わせて特化した対応・対策が必要不可
　欠となってくる。このような背景を考慮して、次の各問に答えよ。

　　　　　　　　　　　　　　　　　　　　　　　　　　　　　　　（R1－1）

(1) 健全に稼働することが求められ、機能不全を起こすことが許されない
　　機械機器・装置の製品開発に向けて、機械技術者の立場で多面的な観点
　　から複数の課題を抽出し分析せよ。

(2) 抽出した課題のうち最も重要と考える課題を1つ挙げ、その課題に対
　　する解決策を3つ示せ。

(3) 解決策に共通して新たに生じるリスクとそれへの対策について述べよ。

○　鉄道、道路、橋梁及び港湾設備などの社会インフラや、高層ビルなどの
　大型建造物については、老朽化した設備の維持・改修に加えて、新規設備
　の建設も検討されている。新規設備の建設に当たっては、設計段階で地震
　に対する対策を十分に考える必要がある。あなたは、機械力学・制御の専
　門家として、地震対策を考慮した設計に中心的に携わることになった。こ
　のような状況において、以下の問いに答えよ。　　　　　（機H29－1）

(1) 新規設備を具体的に1つ想定して、地震対策を考慮する上で重要とな
　　る課題を多面的に述べよ。

(2)（1）で挙げた課題からあなたが重要と思うものを1つ選び、機械力
　　学・制御の観点から、課題解決のための具体的な技術的提案を述べよ。

(3)（2）の技術的提案の効果及び想定されるリスクについて述べよ。

○　戦後の高度成長期に建設された新幹線、高速道路など、さまざまな社会

インフラの老朽化が大きな問題となりつつある。また、東日本大震災の折にも、さまざまな社会インフラの脆弱性がクローズアップされた。このような状況において、あなたが携わる技術あるいは製品分野で、これらの社会インフラを保守するための施策を想定して、以下の問いに答えよ。

（交H27－2）

(1) 社会インフラの保守に関して、交通・物流・建設機械に携わる技術者として、検討すべき課題を3つ挙げるとともに、それらを取り上げた理由を述べよ。

(2) (1)で挙げた課題から、あなたが最も重要と考えるものを1つ選び、この課題を解決するための技術的提案を述べよ。

(3) (2)の提案がもたらす効果を具体的に示すとともに、そこに潜むリスクについて述べよ。

　機械装置や設備の運転状態を把握し、適切な保全を行っていくことは、信頼性の維持・向上を図っていくために必要・不可欠な対応です。このような通常時の対応に加えて、地震・火災などの災害発生時には、人的被害を防止し、機械的被害を最小限に抑える対応が必要となります。特に、機械装置や設備の老朽化に伴い、これらの問題が甚大化する場合も想定され、経年劣化も想定した適切な保全手法を適用するとともに、運用を図ることが重要となります。必要に応じて適切なセンサを設置し、その情報を効率よく収集・処理するIoT＆AIシステムを活用するなど、運転中の状態を把握し、問題が発生する前に対応する対策も必要となります。また、定期的に機械装置や設備を停止し、劣化や損傷などを調査したうえで、必要に応じて補修や部品交換など行う定期保全とを組み合わせ、最適かつ効率的な保全計画を立てて実施していくことは、信頼性を上げるだけでなく、保全コストの削減にもつながります。過去には、公共のライフラインや医療現場等で使用されるために、機能不全を起こすことが許されない機械の開発、新規設備の地震対策、老朽化への対応、腐食箇所の補修方法などの問題が出題されています。このような観点から、自分の専門とする機械や設備を対象に、次に示すキーワードを参考に、いろいろな側面から対応を考える必要があります。

【キーワード】

機能不全を起こすことが許されない機械、地震、災害、火災、老朽化、社会インフラ、ライフサイクルマネジメント、運転監視、状態監視（モニタリング）、定期保全、劣化診断、余寿命予測、設備更新、信頼性維持・向上、保全管理システム、IoT、AI、CMMS（Computerized Maintenance Management System）、アセットマネジメント、センサシステム、IoT など

(3) 高齢化社会

○ 少子高齢化社会により就業人口の減少が進む日本において、交通・物流機械及び建設機械分野でオペレータや保守などに従事する人の高齢化がますます進むと予想される。従事年数の積み重ねによる幅広い経験により的確な判断が期待される一方で、身体的な能力の低下が避けられず、作業上のヒューマンエラーの発生が懸念される。この課題に対し、以下の問いに答えよ。　　　　　　　　　　　　　　　　　　　（交H30-2）

(1) 交通・物流機械及び建設機械において、具体的な製品あるいは装置を1つ挙げ、高齢者によるヒューマンエラーを述べ、現状の製品あるいは装置をより安全に作業できるようにするためにはどのような課題があるかを述べよ。

(2) (1)で述べた課題に対し、その課題を解決するための具体的な方策を提案せよ。

(3) (2)で述べた提案がもたらす効果とリスクについて述べよ。

○ 我が国は、高齢社会と言われるようになって久しい。人は高齢になるに伴って運動能力や認知能力などの身体機能が衰える。これを補完する手段として、ロボットに代表される機械技術やICT技術の活用による支援機器の実現が期待される。あなたがロボット技術を応用した支援機器を開発する立場であるとして、以下の問いに答えよ。　　　　　　　　　（ロH29-1）

(1) ロボット技術を応用することが有効と考える支援機器（機械、装置、

　システムなど）を3つ挙げ、有効と考える理由をそれぞれ述べよ。

(2) (1) で挙げた支援機器のうち1つを選び、その概要を説明するととも
　に、ロボット技術（機構、センシング、制御、知能など）としての技術
　課題を述べよ。

(3) (2) で挙げた技術課題を解決するための方策、及びその方策に潜むリ
　スクについて述べよ。

　日本では急速に高齢化が進んでおり、高齢化社会への対応が大きな課題と
なっていることは疑いようのない事実です。また、労働者の高年齢化も進んで
おり、それに伴う人的ミスの発生を未然に防ぐことが重要となってきています。
高齢化社会でのニーズに応えた、機械装置や設備に対する需要は、今後ますま
す伸びていくことが予想され、介護ロボットのように人の動きを支援する機械
の実用化が進み、機械装置や設備の性能や能力の向上に加えて、人と機械との
共生を考慮した機器やシステムが求められるようになってきました。さらに、
人為的なミスを減らす運転支援システムや自動運転システムの開発と、その導
入が今後さらに進んでいくものと予想されます。

【キーワード】

　高齢化社会、少子・高齢化への対応、高齢化に伴うヒューマンエラー、
人の動きを支援するロボット、ロボットと人との共存、バリアフリー、ユ
ニバーサル設計、介護機器、医療機器、医療ロボット、生活支援ロボット、
マンマシンインターフェース　など

---

(4) AI・IT・解析

○　コンピュータ・ソフトウェアと機械が融合したシステムの高度化が進行
　している。その一形態として、自動車、鉄道、ロボットなどでは、人と協
　働して動作する協働システムが活用されている。しかしながら、これらの
　協働システムでは、人間がシステム内に介在するという基本構成のために、
　安全性の面で様々なリスクが想定される。このような背景を考慮して、次

の各問に答えよ。 (R1－2)

(1) 人間がシステム内に介在して動作する協働システムの安全性について、技術者としての立場で多面的な観点から複数の課題を抽出し分析せよ。

(2) 抽出した課題のうち最も重要と考える課題を1つ挙げ、その課題に対する解決策を3つ示せ。

(3) 解決策に共通して新たに生じるリスクとそれへの対策について述べよ。

○ 近年、AI（人工知能）を活用した技術革新について様々な分野において注目が集まっている。そして、製造現場においてこのAI技術を活用した場合、これまでその実現が難しかった問題をより効率的に解決できる可能性がある。

　このように、AI技術の活用により、今後の機械製造における各種技術のあり方は大きく異なっていくものと考えられる。そのような背景の中、あなたが新たにこのAI技術を活用した機械オペレーションの高度化・効率化を検討する責任者となった。このような状況において、次の各問いに答えよ。 (機H30－1)

(1) 実際の機械オペレーションの例を1つ挙げて、機械技術者として検討すべき課題を多面的に述べよ。

(2) (1)で挙げた課題からあなたが重要と思うものを1つ選び、機械力学・制御の観点から、課題解決のための具体的な技術的提案を述べよ。

(3) (2)の技術的提案について想定される効果及びリスクについて述べよ。

○ 現在、深層学習（ディープラーニング）は、様々な情報の認識に使われ、それによって得た結果を、ロボットの認知・判断・動作に活用しようというのが研究の主流となっている。しかし今後、ロボット動作の習熟にも深層学習が利用され、いろいろな産業で活用が進むと予想されている。あなたが、ロボット動作の深層学習機能を有する産業用ロボットの開発責任者に任命されたとして、以下の問いに答えよ。 (ロH30－1)

(1) 適用する産業分野と対象とする作業を1つ想定し、ロボットに動作を深層学習させるために、検討すべき技術的課題を3つ挙げよ。

(2) (1)に挙げた検討すべき技術的課題のうち、あなたが最も重要であると考える技術的課題を1つ挙げ、実現可能な解決策を提示せよ。

(3) (2) で挙げた解決策がもたらす効果を具体的に示すとともに、想定されるリスクについて記述せよ。

○　近年、交通事故の低減、高齢者等の移動支援、交通渋滞の緩和、及び環境負荷の低減等を目的とした、自動車の自動運転技術が注目を集めている。下表に自動運転レベルの定義を示す。自動ブレーキ等のレベル1を実現した自動車は広く販売されており、レベル2を搭載した自動車も国内外で販売が始まっている。日本政府は東京オリンピックが開催される2020年を目途に、自動運転レベル3の実現を目標として掲げており、今後開発の進展が予想される。レベル3が実用化された時点で、あなたがレベル4の自動運転技術を開発する立場であるとして、以下の問いに答えよ。

(ロ H29 － 2)

表　自動運転レベル及びそれを実現する自動走行システム・運転支援システムの定義

自動運転レベル	分類	概要
レベル1	単独型	加速・操舵・制動のいずれかをシステムが行う状態
レベル2	システムの複合化	加速・操舵・制動のうち複数の操作をシステムが行う状態
レベル3	システムの高度化	加速・操舵・制動を全てシステムが行い、システムが要請したときはドライバーが対応する状態
レベル4	完全自動走行	加速・操舵・制動を全てドライバー以外が行い、ドライバーが全く関与しない状態

出典：「内閣府　戦略的イノベーション創造プログラム（SIP）、2016 年」より抜粋

(1) レベル4の自動運転を実現する上での課題を3つ挙げ、それぞれ課題として挙げた理由を述べよ。

(2) (1) で挙げた課題のうち、最も重要と考えるものを1つ選び、それを解決するための具体的な提案を述べよ。

(3) (2) の提案の効果、及び想定されるリスクについて述べよ。

○　IoT（Internet of Things）が普及する前段階として、社会に存在する多くの機器が広義の情報機器となり、M2M（Machine to Machine）のコンセプトに基づいて機器間通信が一般的になり、多くの機器が統合的に機能

するようになると予測されている。M2Mにより情報化した機器を例に、以下の問いに答えよ。　　　　　　　　　　　　　　　　　　　　（情H28－2）

(1) これまでにない新たな機器へのM2M導入時に留意すべき課題を多面的な観点から3つ挙げ、その内容を述べよ。

(2) (1)で挙げた3つの課題から、最も重要と考える課題を1つ選び、それを解決するための具体的な技術的提案とその効果を示せ。

(3) (2)の提案により生じるリスクについて説明し、その対処法を述べよ。

AI・IT・解析の項目では、過去、コンピュータと機械が融合したシステムと人との協業、AI、深層学習（ディープラーニング）、CAE、クラウド利用、自動車の自動運転技術、IoTなどの問題が出題されています。AIが急速に広まる技術動向を受け、AI、機械学習、深層学習をどのように利用していくのかが大きなテーマであり、リアルタイムの情報を収集するためのIoTシステム、収集した情報の管理・分析のためのクラウド利用、ビッグデータ分析などが、時代の潮流であるといえるでしょう。さらに、HPC（High Performance Computer）の有効活用に伴う各種解析技術の高度化、および各種解析の組み合わせによる今まで検討できなかった解析による予測なども、研究段階から実用化段階に進化しつつあり、これの最新解析・分析技術とAIとの融合も大きな技術課題といえるでしょう。

【キーワード】

　人工知能（AI）、IoT、ビッグデータ、データベース、機械学習、深層学習（ディープラーニング）、自動運転、情報ネットワーク、クラウド技術、ハイパフォーマンス（スーパー）コンピュータ、シミュレーション技術、複合解析、3Dプリンタ、CAD／CAM／CAEシステム　など

---

(5) その他

○　交通・物流及び建設機械における日本の技術は、海外で高く評価されている。特に自動車産業では、既に日本からの輸出と合わせ現地生産体制が

確立している。今後も、日本の技術を国際展開することにより、市場の拡大が見込まれる分野があるが、異なる文化を持つ国や地域に合わせた製品や、現地で生産を行うためには様々な状況に対応する必要がある。このような状況において、あなたが国際展開を図る担当者になったと想定し、以下の問いに答えよ。　　　　　　　　　　　　　　　　　　（交H29－1）

(1) 交通・物流及び建設機械において国際展開が見込める製品を1つ挙げ、国内外の状況と今後の見通しを述べよ。

(2) (1) に挙げた製品を現地で生産する場合に、製品の品質を確保するための検討項目を多面的に述べよ。

(3) (2) の現地生産を図る際の課題の解決法とリスクを述べよ。

○　近年、技術者の高齢化が進む一方で、後継者不足により我が国のものづくりに関わる高度な研究・開発や設計・製造に関する技術を伝承することが困難になっている。このような社会的状況を考慮して、以下の問いに答えよ。　　　　　　　　　　　　　　　　　　　　　　　　（機H26－2）

(1) 我が国のものづくりに関わる高度な技術を維持・伝承するために、検討すべき項目を多面的に述べよ。

(2) (1) で述べた検討すべき項目について、解決すべき技術的課題を1つ選び、それを解決するための技術的提案を示せ。

(3) あなたの技術的提案がもたらす効果とリスクを具体的に述べよ。

○　近年、多くの製造業で品質データの改ざんなどの不正問題が相次いでいる。不正行為は社会的な倫理に反するばかりでなく、それを利用する人々の安全を脅かす重要な問題である。利用拡大が進み、人との接点が増大しているロボット分野でも、この問題への対応が望まれる。協働ロボットの開発設計・生産及びユーザでの運用を例に、不正を防止するためにはどのようにすべきなのかについて、以下の問いに答えよ。　　　　（ロH30－2）

(1) 不正が発生する背景として、どのような状況が考えられるか述べよ。

(2) 不正が発生した時に生じるリスクについて述べよ。

(3) そのリスクを回避するための方策を述べよ。

○　社会情勢の変化を念頭に、情報・精密機器の1つの製品を取り上げ、15年後を見据えた技術ロードマップを作成することになった。あなたが

その作成責任者であるとして、以下の問いに答えよ。　　　（情H26－2）

（1）5年毎の到達目標を15年にわたり設定し、その内容を述べよ。

（2）（1）の各到達目標を達成するための主要な技術課題を提示し、各課題の解決策の候補をそれぞれ提案せよ。

（3）（2）で提案したそれぞれの解決策に潜む問題点を述べよ。

　その他の項目として、過去、国際展開、技術伝承、技術者倫理、不正防止、技術の空洞化、技術ロードマップなどの問題が出題されています。いずれも、重要な課題であり、自分が専門とする機械装置を対象に、これらの問題について多面的な側面から課題を洗い出し、それぞれの対応策を考えることをお勧めします。

【キーワード】
　国際展開、技術伝承、技術者倫理、不正防止、技術の空洞化、技術ロードマップ　など

---

4. 熱・動力エネルギー機器

　「熱・動力エネルギー機器」は、旧選択科目「動力エネルギー」と「熱工学」が統合された形になっており、それらで出題されている問題は、エネルギー状況、老朽化、技術継承、国際競争、技術力、情報化、その他に大別されます。なお、解答する答案用紙枚数は3枚（1,800字以内）です。

　下記に示す問題末尾の（　）内の出題年度の前に付けた文字は、次の旧選択科目の問題であることを示します。

　　動：動力エネルギー、熱：熱工学

（1）エネルギー状況

○　2018年7月に発表された第5次エネルギー基本計画では、将来的な脱炭素化に向けた2050年エネルギーシナリオとともに、2030年エネルギーミックスの確実な実現を目指すことが示されている。この2030年度目標である、2013年度比で温室効果ガス26％削減の実現に対しては、インフラや設備更新のタイミング、実用化から普及までに要する期間を考慮した上で、現実的で実効性のある対応が重要である。このような状況を考慮して、エネルギー機器に関する技術者として、以下の問いに答えよ。

（R1－2）

　（1）2030年度目標の実現のために重要と考える技術分野を1つ挙げ、技術者としての立場で多面的な観点から課題を抽出し分析せよ。

　（2）抽出した課題のうち最も重要と考える課題を1つ挙げ、その課題に対する複数の解決策を示せ。

　（3）解決策に共通して新たに生じうるリスクとそれへの対策について述べよ。

○　将来の脱炭素社会を見据えたエネルギーシステムには大きな改革が求め

られており、現在政府では、あらゆる選択肢の可能性を追求する野心的な複線シナリオとした取組を進めている。資源の少ない日本にとっては、今後も技術力で世界をリードし、エネルギー選択の多様性を確保することが、この問題に関するリスクを最小化し、工業先進国として生き残る道であると考えられる。このことから、革新的なエネルギーシステムや要素技術が、今後一層求められているといえる。これらを踏まえて、以下の問いに答えよ。 (動H30－2)

(1) 動力エネルギー技術分野（内燃機関、水車、ボイラ、発電機、蒸気タービン、ガスタービン、風力発電、太陽光発電、燃料電池、及びこれらの複合システム）の中で、あなたが今後重要と考えるシステムを1つ挙げ、2020年から10年ごとの到達目標を設定した2040年までのロードマップを示せ。また、各到達目標を達成するための技術課題を提示してその内容を述べよ。

(2) (1)のロードマップを実現する上で、あなたが重要と考える技術課題を1つ挙げ、それを解決する方策を提案せよ。

(3) あなたの技術的提案がもたらす効果を示すとともに、提案の実施において発生する可能性のあるリスクと課題について述べよ。

○ 2016年11月に発効したパリ協定（2020年以降の温暖化対策に関する国際枠組み）を受け、日本では2016年にエネルギー革新戦略及びエネルギー・環境イノベーション戦略が発表され、中期及び長期に向けての革新的技術の開発と世界への普及を目指した取組が示された。このうち後者の戦略は、2050年頃という長期的視点に立つものであり、その有望分野として、エネルギーシステム統合技術（ICT、デマンドレスポンス、AI、ビッグデータ、IoT等を活用した、システム全体の最適化技術）、システムを構成するコア技術（次世代パワエレ、革新的センサー、多目的超伝導）、分野別革新技術（①革新的生産プロセス、②超軽量・耐熱構造材料、③次世代蓄電池、④水素等製造・貯蔵・利用、⑤次世代太陽光発電、⑥次世代地熱発電、⑦CO_2固定化・有効利用）が挙げられている。このような国内外の取組を受け、次の問いに答えよ。 (動H29－1)

(1) 上に示した分野別革新技術（①〜⑦）の中から、動力エネルギーの専

門家として、あなたが寄与できる革新技術を1つ選び、対象とするシステムと現在の技術水準を記した上で、その期待される効果について、今後の社会と産業の動向、周辺技術の進歩を踏まえた上で述べよ。

(2)　(1)で挙げた革新技術を実現するための主要な技術課題を提示し、その具体的な解決策を提案せよ。

(3)　(2)で提案した解決策に潜むリスクや実施上の不確定要素について述べよ。

○　エネルギー自給率が低い日本においては、特定のエネルギー源への依存を過大としないことが求められており、地球温暖化対策と合わせて再生可能エネルギーに一定の期待がされている。このような現状を背景として、技術的観点から、以下の問いに答えよ。　　　　　　　　　　　（熱H29－1）

(1)　エネルギーセキュリティ向上及び地球温暖化対策のためには、国産の再生可能エネルギー利用促進が期待されるが、どのような国産の再生可能エネルギーが考えられるか、3つ挙げて説明せよ。

(2)　日本において、エネルギー源の一定量を海外から導入する場合、地球温暖化対策を考慮して何が将来のエネルギー源となるか考えを述べよ。

(3)　(2)のエネルギー源を使用した発電システムを1つ挙げ、その構成例と特徴及び課題について述べよ。

○　平成26年にエネルギー基本計画が政府から発表されているが、その中で「我が国が目指すべきエネルギー政策は、①徹底した省エネルギー社会の実現、②再生可能エネルギーの導入加速化、③石炭火力や天然ガス火力の発電効率の向上、④蓄電池・燃料電池技術等による分散型エネルギーシステムの普及拡大、⑤メタンハイドレート等非在来型資源の開発、⑥放射性廃棄物の減容化・有害度低減など、あらゆる課題に向けて具体的な開発成果を導き出せるような政策でなければならない。」とされている。あなたは、動力エネルギーの専門家として、以下について答えよ。

（動H28－1）

(1)　①～⑥の中から、あなたが重要と考える課題を2つ選び、その課題解決のための技術的提案をそれぞれ1つ示せ。

(2)　上記の課題のうちの1つを選び、その課題についてあなたの技術的提

案を踏まえて、日本が置かれている現状を考慮しつつ将来展望を述べよ。

（3）あなたの技術的提案がもたらす課題解決において、そこに潜むリスクを述べよ。

○ 2015年発表のエネルギー白書によると、我が国のエネルギー自給率は6.0%に過ぎず、化石エネルギーのほとんどを海外からの長距離船舶輸送に頼っている。このため輸送・貯蔵・利用の効率向上やコスト削減のために、エネルギーキャリア（エネルギーの輸送・貯蔵のための担体）の開発が我が国にとって重要である。また最近の世界的動向として、石炭消費を制限する傾向や脱原発への動き等があり、海外の一次エネルギー源も大きく変化していくことを想定しなければならない。我が国も再生エネルギー活用等によるエネルギー自給率向上を目指しているが、今後も海外エネルギーに依存せざるを得ない。このようなエネルギー状況を背景として、海外からのエネルギー輸送について、以下の問いに答えよ。　　（熱H28－1）

（1）化石エネルギーの海外からの輸入に関し、どのような輸送性能向上のための開発（燃料改質を含む）が行われてきたか、また今後求められる改良点は何か、説明せよ。

（2）我が国の今後の一次エネルギーを確保するうえで、従来の化石エネルギーに代わり得る海外の新エネルギー源として何があるか、その考えを述べよ。

（3）海外の再生可能エネルギーを我が国へ輸入する場合のエネルギーキャリアについて、貯蔵・環境対策も含めて論述せよ。

○ 古くから利用されている水力発電に代表されるように、再生可能エネルギーは我が国にとって重要なエネルギー源である。近年、再生可能エネルギー利用の拡大が政策として取り上げられ、新しい再生可能エネルギー発電設備の導入が進んできている。しかし、それに伴い、さまざまな社会的あるいは技術的な課題が顕在化してきている。

　そこで、動力エネルギーの政策責任者として、将来にわたって再生可能エネルギーを効果的に利用し、エネルギー供給の全体調和を図りつつ、再生可能エネルギー発電を継続的に推進発展させようという立場に立ったとして、以下の問いに答えよ。　　（動H27－1）

(1) 再生可能エネルギーによる発電の規模の拡大に伴って発生すると考えられる課題を多面的に3つ挙げ、それぞれの概要、要因、影響を説明せよ。

(2) 上記の課題から1つを選び、その課題の具体的な技術的解決策を述べよ。

(3) 上記の解決策において、期待される具体的な効果と、予想されるリスクは何かを示せ。

○　2014年4月、新たなエネルギー政策の方向性を示すものとして、「エネルギー基本計画（第四次）」が閣議決定された。本基本計画には、水素は多様な一次エネルギー源から様々な方法で製造でき、気体、液体、固体というあらゆる形態で貯蔵・輸送が可能であり、利用方法次第では高いエネルギー効率、低い環境負荷、非常時対応などの効果が期待され、将来の二次エネルギーの中心的役割を担うことが期待されるとされており、この水素を本格的に利活用する「水素社会」の実現に向けた取組を加速すると謳っている。

今後の我が国に於ける水素社会の実現に向けて、以下の問いに答えよ。

(熱H27－1)

(1) 水素社会のメリットとそれを実現するための課題を多面的に挙げ、説明せよ。

(2) あなたが挙げた課題の中から1つを選び、それを解決するための具体的な提案を示せ。

(3) あなたの提案によって生じるリスクについて説明し、その対処方法を述べよ。

　熱・動力エネルギー機器においては、平成25年度試験以降に出題された問題のうちの半分近くをエネルギーに関連する問題が占めているのが特徴的です。もちろん、動力エネルギーや熱工学は、直接エネルギーを扱う分野ですので、それは当然といえます。これまでに出題されている内容は、パリ協定やエネルギー基本計画の公表を受けて、それらを考慮した対応について問う問題が中心になっています。また、エネルギー資源の少ない我が国の状況を考慮して、エ

ネルギーセキュリティ関連の問題も出題されています。平成25年度試験においては、福島第一原子力発電所の事故を受けて、省エネルギーや化石燃料の有効活用の問題が出題されましたが、今後は原子力発電所の廃炉も多く決定されていることから、再生可能エネルギーを含めたエネルギーミックスの問題の出題は続くと考えます。一方、国産エネルギーという視点からは、未利用エネルギーの活用やメタンハイドレートの開発技術などもテーマとしては取り上げやすいと考えます。とにかく、熱・動力エネルギー機器においては、今後もエネルギーに関する問題が主流になることは間違いありませんので、この項目をしっかり勉強して、自信を持って試験に臨めるよう準備することが重要です。
なお、エネルギーと環境に関しては、第4章「1. 機械設計」の（1）項でも説明していますので、参照してください。

（2）老朽化

○　多くの動力エネルギー設備は、産業やライフラインを支えるなど重要な役割を担い、高い信頼性が求められている。その一方で、設置から長期間が経過し、老朽化が進行している設備も数多く存在すると考えられる。

あなたが知る動力エネルギー設備を1つ選択し、当該設備の信頼性を長期に亘り維持することを目的に、老朽化対策を立案する責任者に任命されたとして、以下の問いに答えよ。　　　　　　　　　　　（動H29－2）

（1）あなたが選択した設備の概要（機器名、代表的仕様、経過年数）を示せ。また老朽化対策の立案に先立って、設備に関して調査・評価すべき項目を説明せよ。

（2）あなたが選択した設備において将来発生する可能性のある不具合を複数挙げ、その主原因と相対的な影響の大きさを推定せよ。それらを踏まえた上で、当該設備の信頼性を長期的に維持するための具体的な対策を提案せよ。

（3）（2）で記した提案に関し、その効果と課題について、リスクやライフサイクルコストの観点を含め考察せよ。

○　電力供給システムは社会インフラであり、経済性を追求しつつも、信頼性を長期間確保していくことが必要である。その中で、我が国の火力発電

設備は老朽化した設備も多いが、東日本大震災以降の原子力発電の長期停止により、その信頼性がさらに要求されている状況である。

　あなたは、動力エネルギーの専門家として、火力発電設備の老朽化対策のプロジェクトを進めることになった。このような状況下で、以下の問いに答えよ。　　　　　　　　　　　　　　　　　　　　（動H26－2）

(1) 既に老朽化したあるいは将来老朽化が予想される火力発電設備を具体的に想定して、プロジェクトを進める手順と調査・評価すべきことを述べよ。

(2) 想定した火力発電設備の老朽化対策として、あなたが重要と考える課題を複数挙げよ。

(3) (2) で挙げた課題から最も重要と考えるものを1点選び、具体的な技術的提案を行うとともに、その技術的提案の効果と問題点について述べよ。

　我が国のインフラは高度成長期に多く建設されているため、老朽化と維持管理費用の増大が問題になっています。エネルギーシステムも同様で、多くの機器やシステムが更新時期を迎えようとしています。一方、財政はひっ迫しており、今後は少子高齢化社会の進展に伴い、インフラの要求場所やその量が変化していくことも想定されています。そのため、老朽化したからといって、無計画に更新をすることは難しくなっています。そのため、延命化する施設と更新する施設の見極めを、技術的視点だけではなく、社会変化の動向を考慮して、効果的かつ効率的に判断することが求められています。そういった点で、社会動向をしっかりと認識して解答を作成できるように、新聞等の情報を的確に把握して、現在の社会動向とともに、自分の意見を整理しておく必要があります。なお、インフラの老朽化に関しては、第4章「2. 材料強度・信頼性」の (2) 項の説明も合わせて参照してください。

(3) 技術継承

○　熱機関、熱エネルギーシステムはエネルギー設備として社会基盤を支え、その中で熱工学技術は重要な役割を担っている。人口減少と高齢化が進む

日本では、これらに従事する技術者が不足し、技術の空洞化の加速が懸念されている。一方で、あらゆるモノが繋がるIoTや、機械学習といった新たな技術の開発も進んでいる。熱工学技術を伝承し、熱機関、熱エネルギーシステムを安定的に維持させるために、以下の問いに答えよ。

(熱H30 - 1)

(1) 熱機関又は熱エネルギーシステムを1つ選び、熱関連技術について3つ挙げた上で、その特徴を踏まえて技術伝承について解説せよ。

(2) (1) を踏まえ、社会情勢と技術進展状況を考慮して、技術者不足に対する解決策を3つ挙げて解説せよ。

(3) (1) (2) を踏まえて、あなたが考える将来の熱エネルギー設備の姿を考察せよ。

　少子高齢化社会や理工系離れという社会的な変化に対して、技術継承の面で大きな問題が生じてきています。研究開発の面でも日本の地位は低下傾向と報道されていますし、企業においても熟練技術者の大量退職に伴い、技術の伝承が途絶えようとしています。また、財政難や経済の低迷に伴い、新しいエネルギー関連施設の建設や更新が行われていないことによって、現場における設計や施工の面での技術継承が難しくなっているという社会的状況もあります。このような状況下で、これまで培ってきた高度な技術を継承するとともに、発展させていく施策は不可欠です。そういった点に関して、自分の意見を整理しておく必要があります。なお、技術継承に関しては、第4章「1. 機械設計」の(4) 項に説明がありますので、そちらも参照してください。

(4) 国際競争

○　日本はこれまで多くの動力エネルギー設備を世界中に輸出してきたが、近年は中国をはじめとする国々が低コストを武器に動力エネルギー設備の輸出で脅威となっており、国際競争が激化している。このような状況に対処するためには、コストを下げることはもちろんのこと、技術的優位性を維持していくことが重要である。そこで、あなたが知る動力エネルギー設備を1つ選択し、国際競争力を維持するための施策を立案する責任者に任

命されたとして、以下の問いに答えよ。　　　　　　　　　　（動H30－1）

(1) あなたが選択した設備の概要（設備名、代表的仕様）を示し、現状の技術について競合国の技術との比較も含め説明せよ。

(2) あなたが選択した設備において、競合国の技術を凌駕し、技術的優位性を保つための技術を複数挙げ、それらの課題及び対応策を具体的に説明せよ。

(3) (2)で記した技術に関し、優位性を維持していくシナリオについて述べよ。

○　伝熱技術は、空調や発電、データセンタ、コンピュータなど、多岐にわたり活用されており、その技術開発もオープンイノベーションの採用やグローバル化が図られている。製品開発に関わる技術者にとって、このように多様化した先端技術を迅速に製品へ活用することが、世界市場で競争力を維持するために重要な課題となっている。このような状況を考慮して、熱システム設計者として以下の問いに答えよ。　　　　　　（熱H30－2）

(1) 伝熱技術を用いた製品を1つ選び、その製品の競争力を決定する要因を3つ挙げ、伝熱技術の観点から説明せよ。

(2) あなたが挙げた要因の中から、最も重要であると考える要因を1つ選び、その要因に関連する将来技術を提案せよ。

(3) 技術開発のグローバル化とオープンイノベーションを踏まえ、あなたが提案した将来技術を実現するための具体的な方法を示し、その効果とリスクについて技術的側面から論述せよ。

　産業分野においては、日本の技術力は相対的に衰退してきており、国際競争が激しくなってきています。また、標準化という視点では、日本はまだまだ各国に後れをとっているのが現実で、これからも技術に対する優位性を維持するには、さまざまな面での対策が必要となります。熱や動力エネルギーの分野が、今後も社会基盤の中でも重要な技術分野である点は変わりありませんので、新たな技術革新に対しても、日本の優位性を維持するだけではなく高めていけるよう、技術面だけではなく制度面においても、多面的な対応が必要になります。なお、国際化に関しては、第4章「1. 機械設計」の (6) 項に説明があります

ので参照してください。

(5) 技術力

○　近年の技術革新速度は目を見張るものがあり、技術の枠組みや人々の行動様式が一変してしまうような技術的及び社会的変革が起こる時代となってきている。製品開発に関わる技術者にとって、既存技術の特徴を踏まえつつ、革新技術を迅速に製品へ活用することが、世界市場で競争力を維持するための重要な課題となっている。このような状況を考慮して、エネルギー機器に関する技術者として、以下の問いに答えよ。　　　　（R1－1）

(1) 技術的及び社会的変革が起こりうる技術を具体的に挙げて、技術者としての立場で多面的な観点から課題を抽出し分析せよ。

(2) 抽出した課題のうち最も重要と考える課題を1つ挙げ、その課題に対する複数の解決策を示せ。

(3) 解決策に共通して新たに生じうるリスクとそれへの対策について述べよ。

○　熱システムは空調や発電など多岐に渡る分野で活用されており、近代社会の基盤を支えてきた。一方、市場のグローバル化や製品の多様化に伴い、従来の熱工学に基づくシステムと、通信技術・人工知能・バイオテクノロジーなどの異分野の技術を融合し、新たな価値を生む製品開発が積極的に行われてきている。異分野技術の融合による製品力の向上に努めないと、いずれ競争力を失ってしまう可能性がある。このような状況を考慮して、熱システム設計者として以下の問いに答えよ。　　　　（熱H29－2）

(1) 最新の異分野技術融合が行われている熱システムを1つ選び、その熱システムにおいて生み出される新たな価値を3つ挙げ、その内容を多面的な観点から説明せよ。

(2) (1)で挙げた価値のうち1つ選び、製品競争力をさらに強化するために、熱システム設計者として、将来必要になると考える異分野技術融合の提案を示せ。

(3) (2)の提案の効果と想定されるリスクについて論述せよ。

○　製品開発に関わる技術者にとって、製品が市場でどのような競争力を

持っているかは重要な問題である。常に製品競争力の向上に努めないと、たとえ現時点では市場で優位性を持っていても、いずれ競争力を失ってしまう。このような状況を考慮して、動力エネルギー機器の開発や設計に携わる技術者として、以下の問いに答えよ。　　　　　　　　（動H28－2）

(1) 対象とする動力エネルギー機器を1つ選び、その機器の製品競争力を決定する要因は何かについて多面的に複数を挙げ、それらの現在における国際的なレベルを説明せよ。

(2) あなたが上で挙げた要因の中から、重要であると考える要因を1つ選び、それについて製品競争力を高めるための技術的提案を示せ。

(3) あなたの技術的提案がもたらす効果及びその理由を具体的に示すとともに、実行する際のリスクと課題について論述せよ。

○　熱システムは空調や発電など多岐に亘る分野で活用されており、その市場もグローバル化されている。製品開発に関わる技術者にとって、製品が世界市場でどのような競争力を持っているかは重要な問題である。常に製品力の向上に努めないと、たとえ現時点では市場で優位性を持っていても、いずれ競争力を失ってしまう。このような状況を考慮して、熱システム設計者として以下の問いに答えよ。　　　　　　　　（熱H28－2）

(1) 対象とする熱システムを選び、その熱システムの製品競争力を決定する要因は何かについて、多面的な観点から記述せよ（最低3つの要因を挙げること）。

(2) (1)で挙げた要因のうち1つ選び、製品競争力を強化するための提案を示せ。

(3) (2)の提案の効果と想定されるリスクについて論述せよ。

○　産業界では、新たな価値を生み出すことができる革新的な新製品の開発が強く求められてきた。動力エネルギー分野においても、さまざまな新技術が開発されてきた。次に示す製品群の中から1つを選び、その製品・技術分野で新技術開発について、以下の問いに答えよ。　　　　（動H27－2）

　　内燃機関、ガスタービン、水車、ボイラ、発電機、蒸気タービン、

　　風力発電、太陽光発電、燃料電池

(1) あなたが選んだ製品を示し、あなたが着目する製品の価値・機能にお

ける現状と、それに関係した技術的な状況を述べよ。その上で、現状か
らさらに革新的に向上できるとあなたが考える内容を具体的に（可能で
あれば数値で）述べ、それを実現する技術を示せ。

(2) 上記製品の実用化に当たって問題となる最大の課題と、それを解決す
るための具体的な技術的提案を示せ。

(3) 上記の技術的提案の具体的な効果と、それにより生じるリスクについ
て述べよ。

　快適さや便利さを追求していくことは、これからも継続して行われていくと
考えます。そういった点で、開発途上国の経済の隆盛とともに、世界的にはエ
ネルギーの消費量が増大していくのは間違いありません。一方で、パリ協定に
代表されるようにエネルギーの使用による環境の悪化を防ぐためには、熱・動
力エネルギー機器分野における技術革新が欠かせないものとなってきます。そ
ういった点で、環境対策や省エネルギー対策が、熱・動力エネルギー機器に求
められます。熱・動力エネルギー機器は、需要側だけではなく供給側において
も使われていますので、多くの機器やシステムにおいて環境対応や省エネル
ギー対応を考える必要があります。供給側については、再生可能エネルギーの
活用技術だけではなく、未利用エネルギーの効率的な活用技術についても、新
技術の開発と既存の技術の融合策などの面で工夫が求められています。需要側
でも、エネルギーの消費量が多い輸送関連分野においても、電動化や水素社会
への対応が検討されています。そういった点で、広い視点で熱・動力エネル
ギー機器関連の技術の将来を考えておく必要があります。

(6) 情報化

○　コンピュータシミュレーション技術の進展に伴い、機械装置、機械設備
の研究開発においてコンピュータシミュレーション技術が熱工学的解析・
設計手法として活用されることが多くなっている。シミュレーション結果
の精度をより正確に評価すること（精度評価）と、所定の精度が得られる
ようにシミュレーション手法を管理すること（精度管理）の両者がますま
す重要な課題となっている。そのような状況を踏まえ、以下の問いに答え

よ。　　　　　　　　　　　　　　　　　　　　　　　　　　（熱H27－2）

(1) コンピュータシミュレーションの利用における精度評価と精度管理に係わる課題を多様な視点から2つ挙げ、具体的に説明せよ。

(2) あなたが挙げた課題から1つを選び、それを解決するための提案を具体的に示せ。

(3) あなたの提案により生じ得るリスクについて説明し、その対処方法を述べよ。

○　製品開発において、製品の機能、性能、動作などの検討を行うために、コンピュータシミュレーションを用いた応力解析、機構解析、振動解析、伝熱解析、熱流動解析などが実施されている。これらはCAE（Computer Aided Engineering）と総称され、短期間で設計上の検討事項を調べることが可能となるので、製品の競争力を向上させるために不可欠な技術となっている。一方で、CAEの利用方法において様々な問題点も生じている。このような背景において、以下の問いに答えよ。　　（熱H26－2）

(1) CAEの利用に関する課題を2つ挙げ、その内容を述べよ。

(2) (1)で挙げた2つの課題から1つを選び、それを解決するための具体的な技術的提案を示せ。

(3) (2)の提案により生じ得るリスクについて説明し、その対処方法を述べよ。

　情報化に関しては、これまでは設計部門で使われているシミュレーション技術に関する問題が中心に出題されていました。そういった点での情報化は今後も進んでいくと考えられますので、その動向は捉えておく必要があります。それに加えて、情報化によって、熱・動力エネルギー機器の効率向上や運用・維持管理における効果的な仕組みに関しても貢献していくと考えられるため、そういった視点でも知識を持つとともに、今後の技術動向を捉えておく必要があります。情報化に関しては、第4章「1. 機械設計」の（5）項に説明がありますので、参照してください。

5. 流体機器

「流体機器」は、旧選択科目「流体工学」を継承しており、そこで出題され
ている問題は、設計・技術開発、維持管理、情報化、環境・エネルギーに大別
されます。なお、解答する答案用紙枚数は3枚（1,800字以内）です。

(1) 設計・技術開発

○ 流体機械や設備は、長期にわたり稼働しているものが多い。ある流体機
械・設備を想定し、レトロフィットを提案・実施する立場となったとして、
以下の問いに答えよ。ここでレトロフィットとは、旧型のものを改良する
ことによって存続させることである。 （H30－1）

(1) 想定した流体機械・設備と提案するレトロフィットを具体的に説明し、
そのレトロフィットがもたらす顧客メリットを述べよ。

(2) (1) で提案したレトロフィットを実現する上での技術課題と、それを
解決するための実現可能な実施策を具体的に述べよ。

(3) (2) の実施策に潜むリスクとその対策について述べよ。

○ モデルベース開発（MBD：Model Based Development）と呼ばれる手
法により効率的に製品の開発が行われるようになってきている。あなたは
自社製品の開発を行う上でMBD導入のメリットがあることから、導入し
たいと考えている。そこで、社内で相談したところ、以下の3つの説明を
求められた。 （H30－2）

(1) MBDの対象とする製品を1つ選び、その製品の開発工程における
MBDの位置付け、及びMBD導入のメリットについて述べよ。

(2) MBD導入における技術的課題と対策を述べよ。

(3) 導入したMBDを継続的に運用する上での留意点を述べよ。

○ 製造業では、製品のコストダウンや開発期間の短縮などのために、標準

化が重要視されている。あなたが担当している流体機械について、その設計の標準化を進める社内プロジェクトのリーダーを任じられた。流体機械の設計者として以下の問いに答えよ。　　　　　　　　　　　（H29－2）

(1) 設計の標準化の対象とする流体機械を1つ選び、標準化の目的とともに、どのような設計の標準化が考えられるかを説明せよ。

(2) (1) で考えた標準化を進めるにあたり、解決すべき技術的課題の中から重要と考えるものを3つ選び、それらに対する解決策を提示せよ。

(3) (2) で提示した3つの解決策に潜むリスクと対策を述べよ。

○　製品開発に関わる技術者にとって、製品が市場でどのような競争力を持っているかは重要な問題である。常に製品競争力の向上に努めないと、たとえ現時点では市場で優位性を持っていても、いずれ競争力を失ってしまう。このような状況を考慮して流体機械の設計者として以下の問いに答えよ。　　　　　　　　　　　　　　　　　　　　　（H28－1）

(1) 対象とする流体機械を選び、その流体機械の製品競争力を決定する要因を多面的な観点から記述せよ。（3つ以上の要因を挙げること。）

(2) あなたが挙げた要因の中から、流体機械の設計者として貢献できると考える要因を1つ選び、それに関する技術的提案を示せ。

(3) あなたの技術的提案がもたらす効果を具体的に示すとともに、実行する際のリスクと課題について論述せよ。

○　現在、産業界では新たな価値を生み出すことができる革新的な新製品あるいは新システムの開発が強く求められている。これまでのような漸増的な高性能化や自動制御化は必ずしもその答えにならず、新たな技術や概念を積極的に取り入れることも必要である。こうした観点から、流体機械の革新的な新製品あるいは新システムを生み出すことが期待されているプロジェクトのリーダーとして、以下の問いに答えよ。　　　　　（H27－2）

(1) あなたが開発しようとする革新的な新製品あるいは新システムを具体的に説明し、それが実現する新たな価値を述べよ。

(2) 上記の開発を進める際に留意すべき課題を2つ挙げ、それらの内容を説明せよ。

(3) (2) で挙げた課題を解決するための具体的な提案とリスクを示せ。

○ 流体機械あるいはシステムの設計・開発におけるコンピュータシミュレーションの利用の進展に伴い、シミュレーション結果の精度を定量的に評価すること（精度評価）とシミュレーション結果が所定の精度で得られるよう管理すること（精度管理）の両者がますます重要な課題となっている。このような状況を踏まえ、以下の問いに答えよ。　　　　　　　(H27-1)

(1) コンピュータシミュレーションの利用における精度評価と精度管理に係わる課題を多様な視点から2つ以上挙げ、具体的に説明せよ。

(2) あなたが挙げた課題から1つを選び、それを解決するための提案を具体的に示せ。

(3) あなたの提案により生じ得るリスクについて説明し、その対処方法を述べよ。

○ 流体機械の製品開発において、製品の機能、性能、動作などの検討を行うために、コンピュータシミュレーションを用いた応力解析、機構解析、振動解析、伝熱解析、熱流動解析などが実施されている。これらはCAE (Computer Aided Engineering) と総称され、短期間で設計上の検討事項を調べることが可能となるので、製品の競争力を向上させるために不可欠な技術となっている。一方で、CAEの利用方法において様々な問題点も生じている。このような背景において、以下の問いに答えよ。

(H26-2)

(1) CAEの利用に関する課題を2つ挙げ、その内容を述べよ。

(2) (1) で挙げた2つの課題から1つを選び、それを解決するための具体的な技術的提案を示せ。

(3) (2) の提案により生じ得るリスクについて説明し、その対処方法を述べよ。

○ 近年、コンピュータの性能向上によって繰り返し計算が必要な最適化の検討がしやすくなっているとともに、最適設計を支援するソフトや解析ツールの機能も進歩してきており、今後はますます製品の開発には、最適設計が必要となっていく。このような状況を考慮して以下の問いに答えよ。

(練習)

(1) 最適設計を実現するために、検討しなければならない項目とその概要

を多面的に述べよ。

(2) これらの検討すべき項目に対して、あなたが最も重要であると考える技術的課題を1つ挙げ、解決するための技術的提案について述べよ。

(3) あなたの技術的提案がもたらす効果を具体的に示すとともに、その中で考えられる不確定要素についても考察せよ。

○　流体機械においては、可燃性液体や人体に影響を及ぼすような流体を取り扱う場合が多くあるため、設備の老朽化や不適切な運転管理などによって不慮の事故が発生する場合がある。その原因の1つとして挙げられる、設計時には考慮していなかった不確実性を考慮して以下の問いに答えよ。

（練習）

(1) 不確実性を考慮する設計手法として、あなたが必要と考える項目とその要点を多面的に述べよ。

(2) (1) で挙げた項目に対して、あなたが最も重要であると考える技術的課題を1つ挙げ、解決するための技術的提案について述べよ。

(3) あなたの技術的提案がもたらす効果を具体的に示すとともに、その中に潜むリスクについても述べよ。

令和元年度試験の問題は、温室効果ガス削減に向けた再生エネルギー利用に係わる流体機器の問題と、機械学習を使った人工知能（AI）の応用による流体機器の従来の限界を超えるブレイクスルーの問題が出題されました。このように、専門とする流体機器を対象に、世の中の技術動向を捉えたうえで検討する問題が出題されるものと予想できます。

設計・技術開発に関する過去の問題を調べると、レトロフィット、モデルベース開発、標準化、競争力向上、革新的な新製品、コンピュータシミュレーションの活用など、多岐にわたっています。したがって、世の中の技術動向を考慮のうえ、以下のキーワードを参考に、多くの課題に対応できるようにしておく必要があります。

【キーワード】

レトロフィット、モデルベース開発、設計標準化、競争力向上、開発期

間短縮、革新的な新製品、コンピュータシミュレーション、CAE、最適
設計、小型化、省エネルギー、安全性向上、信頼性向上、安全防護装置、
緊急停止装置、警報装置、耐震性向上、リスク管理、不確実性、フェイル
セーフ設計、フールプルーフ設計、冗長性設計　など

(2) 維持管理

○　我が国の製造業は国内市場、海外市場を問わず、厳しい競争にさらされ
ている。そうした状況では、製品や部品などのハードウェアの売り切りだ
けでなく、運用、保守・管理などの製品ライフサイクル全般にわたるアフ
ターサービスにより、新たな顧客価値を提供することが重要である。近年
のIoT（internet of things）技術の進歩により、実際に稼働している製品
の運転状況のデータを取得、処理（モニタリング）することが可能となっ
てきている。そのような背景を受け、あなたの担当する流体機械について、
長期モニタリングによる保守運用サービスを提供する新規ビジネスを立ち
上げる。流体機械の設計者として以下の問いに答えよ。　　　（H29－1）

(1) 対象とする流体機械を選び、長期モニタリングによる保守運用サービ
スを具体的に提案し、それがもたらす顧客価値を述べよ。

(2) (1) で提案した長期モニタリングによる保守運用サービスを実現する
上での課題とそれを解決するための技術的提案を具体的に述べよ。

(3) (2) で述べた技術的提案に潜むリスクと対策を述べよ。

○　流体機械設備では長年稼動しているものも多い。ある流体機械設備を想
定し、老朽化対策と経済性向上の観点から更新計画を提案する立場となっ
たとして、以下の問いに答えよ。　　　　　　　　　　（H25－1）

(1) 想定した流体機械設備と設備更新の範囲について説明せよ。

(2) 想定した流体機械設備を更新する場合に解決すべき技術的課題を抽出
するとともに、主な課題解決のために実現可能な対応策を複数提示せよ。

(3) (2) で提案された対応策を実施する場合のリスクについて論ぜよ。

設備の老朽化に対して、運転状態を把握し、適切な保全を行っていくことは、

装置の予定外の停止を防止して稼働率の向上を図ることに加えて、事故を未然に防止することにもつながり、設備の運用管理において極めて重要なポイントです。維持管理においては効率的かつ経済的な保全管理を計画的に進めることが重要であり、定期的な保全に加えて、運転中のモニタリング、余寿命を的確に捉えた機器の更新など、装置全体の信頼性の維持・向上のための取り組みを計画的に進めることが大きな課題であるといえます。コンピュータシステムによる保全管理システム（CMMS：Computerized Maintenance Management System）を導入することに加えて、運転中の状態監視のためのセンサシステム＆IoT（Internet of Things）の導入など、多方面から各種情報を収集・分析し、より効率的な保全管理を進めていくことが1つの技術トレンドです。このような多角的な視点から、技術全体を見直し、先進的な視点を持った対応が求められているといえるでしょう。

【キーワード】

老朽化、ライフサイクルマネジメント、運転監視、状態監視（モニタリング）、定期保全、劣化診断、余寿命予測、設備更新、信頼性維持・向上、保全管理システム、CMMS（Computerized Maintenance Management System）、アセットマネジメント、センサシステム、IoT　など

---

(3) 情報化

○　人工知能（AI）の技術の応用が多方面で実用化されつつある。流体を扱う様々な機器システムに対しても、「設計」や「計測」、「制御」、「運転監視」の目的に、機械学習を使った人工知能（AI）を応用することで、従来の限界を超えるブレイクスルーになることが期待される。この応用方法を考案する技術者として、以下の問いに答えよ。　　　　　　（R1−2）

(1) 具体的な流体機器若しくは流体機器を主機としたシステムを1つ挙げ、その目的を上記の4つの中から1つ選び、技術者としての立場で多面的な観点から課題を抽出し分析せよ。

(2) 抽出した課題のうちあなたが最も重要と考える課題を1つ選択し、そ

の課題に対する複数の解決策を示せ。

(3) 解決策に共通して新たに生じうるリスクとそれへの対策について述べよ。

○ IoT（Internet of Things）とは、様々なものに通信機能を付与し、インターネットに接続したり、相互に通信したりすることにより、自動認識、自動制御、モニタリング等を行うことを意味している。流体機械の性能や信頼性等の向上にIoTを利用することを考え、以下の問いに答えよ。

(H28 − 2)

(1) 流体機械へのIoT導入時に留意すべき課題を3つ挙げ、その内容を述べよ。

(2) (1) で挙げた3つの課題から1つを選び、それを解決するための具体的な技術的提案を示せ。

(3) (2) の提案により生じるリスクについて説明し、その対処法を述べよ。

第4章「1. 機械設計」の (5) 項を参照してください。追記分は以下のとおりです。

人工知能（AI）とIoT（Internet of Thing）技術の急速な発展に伴い、大量のデータに基づき適切な予測を行い、それに基づき、状態監視および運転制御を行う技術は、今後さらに進展していくことは間違いないでしょう。AIの適用については、従来では不可能であると考えられていた分野においても、成功例が報告されるようになってきており、過去の経験や実績などに捉われることなく、従来の技術を見直し、新たな視点で課題を解決していく取り組みが求められるようになってきたといえるでしょう。このような状況の中で、的確に効果の期待できる分野を見極め、技術を蓄積するとともに、それを応用・展開していくことは、技術優位性や技術や価格競争力を維持・向上させるために必須の事項となりつつあります。

(4) 環境・エネルギー

○ 2015年末のCOP21においてパリ協定が採択され、温室効果ガス排出量の削減に向けた再生可能エネルギー利用等による取組がより一層強く求め

られている。再生可能エネルギー利用にかかる流体機器の技術者として、以下の問いに答えよ。　　　　　　　　　　　　　　　　　　　　　　　（R1－1）

(1) 再生可能エネルギー利用の取組で、流体機器が主機として用いられるシステムを具体的に1つ挙げ、技術者としての立場で多面的な観点から課題を複数抽出し分析せよ。

(2) 抽出した課題のうち最も重要と考えられる課題を1つ挙げ、その課題に対する複数の解決策を示せ。

(3) 解決策に共通して新たに生じうるリスクとそれへの対策について述べよ。

○　エネルギー分野の技術開発の方向性として、エネルギーコストの低減、エネルギーセキュリティー確保及び環境負荷の軽減に資するものを重点的に取り扱うことが必要である。これらの観点から、あなたの専門とする分野のエネルギー消費低減について、以下の問いに答えよ。　　（H26－1）

(1) エネルギー消費低減の対象とするシステム又は機器を1つ選定し、選定したシステム又は機器について説明するとともに、エネルギー消費低減を進めるために重要と考える項目を取り上げ、その理由を述べよ。

(2) 重要と考えた項目を実現する上での技術的課題とその解決策を提案せよ。

(3) (2)で述べた解決策を具体化する方法を示すとともに、その中でのリスクについて述べよ。

○　地球温暖化やエネルギー環境の変化から再生可能エネルギーに対する要求が高まっている。このような背景を考慮し、以下の問いに答えよ。

　　　　　　　　　　　　　　　　　　　　　　　　　　　　　（H25－2）

(1) 自然エネルギーを電力に変換するシステムを1つ選定するとともに、選定したシステムについて説明せよ。

(2) そのシステムで高い設備利用率、もしくは大きい（生涯発電量／総投資額）を実現するための、流体工学としての課題とこれに対する技術的提案を2組示せ。

(3) (2)で述べた技術的提案の中の1つについて、具体化する方法を示すとともに、その中でのリスクについて論述せよ。

○　我が国は世界有数の地震国であり、数多くの活断層が全国各地に存在することに加えて、活断層の存在が知られていない地域でも地震が発生するなど、いつどこでも地震が発生し得る状況にある。そのような状況を考慮して以下の問いに答えよ。　　　　　　　　　　　　　　　　　（練習）

(1)　地震によって長周期地震動などの発生により大きな力が加えられた場合に、機械や装置を安全な状態に維持するために、検討しなければならない項目を多面的に述べよ。

(2)　これらの検討すべき項目に対して、あなたが最も重要であると考える技術的課題を1つ挙げ、解決するための技術的提案について述べよ。

(3)　あなたの技術的提案がもたらす効果を具体的に示すとともに、その中で考えられる不確定要素についても考察せよ。

○　原子力発電所の停止や地球温暖化の観点から、今後も大幅な省エネルギーが求められるようになってきている。このような状況を考慮して以下の問いに答えよ。　　　　　　　　　　　　　　　　　　　　　　　　（練習）

(1)　大幅な省エネルギーを実現するために、あなたが有望と考える技術または製品を1つ挙げて、それを挙げた理由について述べよ。

(2)　その技術または製品を使って省エネルギーの効果を最大限発揮させるための技術的課題を示して、それを解決するための技術的提案について述べよ。

(3)　あなたの技術的提案がもたらす効果を具体的に示すとともに、その中に潜むリスクについても述べよ。

○　エネルギー分野の技術開発の方向性として、エネルギーコストの低減、エネルギーセキュリティ確保＆環境負荷の軽減に資するものを重点的に取り扱うことが必要である。これらの観点から、以下の問いに答えよ。

（練習）

(1)　エネルギー消費低減の対象とする流体機械若しくは流体システムを1つ選定し、選定したシステム又は機器について説明するとともに、エネルギー消費低減を進めるために重要と考える項目を取り上げ、その理由を述べよ。

(2)　重要と考えた項目を実現する上での技術的課題とその解決策を提案せ

よ。

(3) (2) で述べた解決策を具体化する方法を示すとともに、その中でのリスクについて述べよ。

○　環境負荷、エネルギー消費、使用する資源を最小限としながら、要求される機能を有する製品をユーザーに提供するための手段としてエコデザインが提唱されている。また、グローバルに製品を展開するためにもエコデザインは製品の開発に欠かせない視点となっている。このような状況を考慮して以下の問いに答えよ。　　　　　　　　　　　　　　　（練習）

(1) エコデザインを実現するためにあなたが有望と考える技術または製品を1つ挙げて、それを挙げた理由について述べよ。

(2) その技術または製品を使ってエコデザインの効果を最大限発揮させるための技術的課題を示して、それを解決するための技術的提案について述べよ。

(3) あなたの技術的提案がもたらす効果を具体的に示すとともに、その中に潜むリスクについても述べよ。

　第4章「1. 機械設計」の（1）項を参照してください。追記分は以下のとおりです。

　地球温暖化現象への対応は、我々が地球上で生き残っていくために必須の取り組みであるといえます。COP会議で合意した平均気温上昇抑制目標を実現するための、経済性も考慮した持続可能な多面的な取り組みが必要であり、このような視点から、現状の技術を評価して、将来の方向性を見極め、技術展開を図っていくことが、より強く求められる社会に変わっていくことは、必然であるといえるでしょう。このような世の中の流れに即した技術展開は必須であり、現状の技術を多くの視点から見直し、対応を考える必要があります。

6. 加工・生産システム・産業機械

「加工・生産システム・産業機械」は、旧選択科目「加工・ファクトリーオートメーション及び産業機械」を継承しており、そこで出題されている問題は、環境、情報化・デジタル化、最適化・高度化、グローバル化・標準化、その他に大別されます。なお、解答する答案用紙枚数は3枚（1,800字以内）です。

(1) 環　境

○　自動車産業は、内燃機関を原動機に100年の歴史を重ねてきたが、CO_2削減などのドラスティックな目標を達成するため、グローバルにEV（Electric Vehicle）化の波が押し寄せている。これによって、自動車部品、ユニットの構成は大きな変換が求められ、それに伴い産業構造の変革も求められる。このような状況を踏まえ、以下の問いに答えよ。　（R1－2）

　(1) EVを普及させるに当たっての課題を生産技術者の立場で多面的な観点から抽出し、分析せよ。

　(2) 抽出した課題のうち、最も重要と考えるものを1つ挙げ、その課題に対する複数の解決策を示せ。

　(3) EVを普及させるに当たっての課題に対する解決策に共通して新たに生ずるリスクを挙げて、それへの対策について述べよ。

○　材料生産から加工、組立、搬送を経て製品が消費者に届けられ、消費者による利用の後、最終的にリサイクルあるいは廃棄されるまでのライフサイクルを分析すること（Life Cycle Assessment：LCA）が重要になっている。ライフサイクル分析に関して、以下の問いに答えよ。　（H29－2）

　(1) 二酸化炭素排出やエネルギー消費などの環境負荷に関して、ライフサイクルを分析しなければいけない理由を述べるとともに、必要性を具体的に示す例を挙げよ。

(2) 環境負荷について、ライフサイクル分析を行う上での課題を2つ挙げて、その内容を説明せよ。

(3) (2) で挙げた課題に対して、それぞれ解決策を述べよ。

○　半導体の生産においては、製品の品質を確保するために製造環境中の塵も排除しなければならない。また、製造に用いられる人体へ有害な物質や環境負荷を上げる物質は、極力排出しないようにしなければならない。こういった条件を考慮して、製造環境及び周辺環境を考慮した半導体生産設備の設計、計画を行う観点から、以下の問いに答えよ。　　　　　（練習）

(1) 製造環境及び周辺環境を考慮した半導体生産設備の設計、計画のための課題を機械生産技術者の立場で、多面的な観点から3つ以上抽出し、分析せよ。

(2) 抽出した課題のうち、最も重要と考えるものを1つ挙げ、その課題に対する複数の解決策を示せ。

(3) 製造環境及び周辺環境を考慮した半導体生産設備の設計、計画のための課題に対する解決策に共通して新たに生ずるリスクを挙げて、それへの対策について述べよ。

○　自動車産業において、CO_2削減、NOx削減などのドラスティックな目標を達成するため、先進国においては水素を燃料として走行させる水素自動車や燃料電池車の開発が行われ、一部試作車も登場している。水素自動車は従来の内燃機関エンジンで培った技術を活用できるメリットがある。このような状況を踏まえ、以下の問いに答えよ。　　　　　（練習）

(1) 水素を燃料にした自動車を普及させるに当たっての課題を、生産技術者の立場で多面的な観点から抽出し、分析せよ。

(2) 抽出した課題のうち、最も重要と考えるものを1つ挙げ、その課題に対する複数の解決策を示せ。

(3) 水素を燃料にした自動車を普及させることへの課題に対する解決策に共通して新たに生ずるリスクを挙げて、それへの対策について述べよ。

第4章「1. 機械設計」の (1) 項を参照してください。

(2) 情報化・デジタル化

○ 「ものづくり」の革新的な高効率化を実現するとともに、新たなビジネスモデルを創出し、これまでにない製品を生み出そうとする第4次産業革命を実現するための取り組みが世界中で行われている。この中で、共通して取り組まれているのは、「ものづくり」のデジタル化とIoT（Internet of Things）の有効活用である。この「ものづくり」のデジタル化に関連して、以下の問いに答えよ。 (R1－1)

(1)「ものづくり」とは、単なる製造プロセスを指すものではないことを具体的に説明せよ。さらに、その「ものづくり」の1プロセスである製造プロセスのデジタル化における課題を多面的な観点から3つ以上抽出し、分析せよ。

(2) 抽出した課題のうち、最も重要と考えるものを1つ挙げ、その課題に対する複数の解決策を示せ。

(3) デジタル化における課題に対する解決策に共通して新たに生ずるリスクを2つ以上挙げて、それへの対策について述べよ。

○ 実空間とサイバー空間を結合するとともにリアルタイムに協調させるサイバーフィジカルシステムズ（CPS）が広い分野に適用され、高度に知能化・自律化されたスマートシティ、スマートグリッド、スマートファクトリーなどが実現されつつある。この流れは生産管理及び生産統制の分野にも及んでいる。生産管理及び生産統制の分野におけるCPSの活用に関して、以下の問いに答えよ。 (H30－2)

(1) 生産管理及び生産統制においてCPSを活用することで、どのような効果を期待することができるか。その主なものを3つ挙げ、それぞれの内容を説明せよ。

(2) 上記（1）で挙げた効果を得るためにはどのような課題があるか。課題を2つ挙げて、それぞれの内容を説明せよ。

(3) 上記（2）で挙げた課題に対して、それぞれの解決策を述べよ。

○ 身の回りのあらゆるものがインターネットにつながるIoTは、自動車や鉄道などの交通機関分野、物流分野、医療分野など、様々な日常生活分野で活用されるようになってきた。この流れは、ものづくり現場にも及び、

ものづくりに大変革を起こすべく、IoT化が世界レベルで推進されている。
ものづくり現場にIoTを導入するに当たって、以下の問いに答えよ。

（H29－1）

(1) IoTを導入するに当たり、どのような効果が期待されているか、その
　　主なものを3つ挙げ、それぞれの内容を説明せよ。

(2) (1)で挙げた効果を得るためには、どのような課題があるか2つ挙げ
　　て、それぞれの内容を説明せよ。

(3) (2)で挙げた課題に対して、それぞれの解決策を述べよ。

○　生産システムの技術者として、システムの設計・開発におけるコンピュー
　タシミュレーションの利用の進展に伴い、シミュレーションを行うために
　モデル化すること（モデル化技術）とシミュレーション結果を評価するこ
　と（結果評価技術）の両者が重要な課題となっている。このような状況を
　踏まえ、以下の問いに答えよ。

（H27－2）

(1) コンピュータシミュレーションの利用におけるモデル化技術と結果評
　　価技術に係わる課題を、それぞれについて2つ挙げ、具体的に説明せよ。

(2) あなたが挙げたモデル化技術と結果評価技術に係わる課題から、それ
　　ぞれについて1つを選び、それを解決するための提案を具体的に示せ。

(3) あなたの提案により生じる問題について説明し、その対処方法を述べ
　　よ。

○　工業製品の生産においては市場での販売実績をフィードバックして、市
　場のニーズに合った数量の製品を随時生産していく手法が求められている。
　この際、市場の各所における販売実績データ、販売時の背景となる環境
　データを同時に収集し、これらを分析したうえで最適な生産計画を作って
　いく必要があり、生産・販売におけるデジタル化は避けて通れない。生
　産・販売におけるデジタル化を考慮した生産設備の設計、計画を行う観点
　から、以下の問いに答えよ。

（練習）

(1) 生産・販売におけるデジタル化を考慮した生産設備の設計、計画のた
　　めの課題を、機械生産技術者の立場で多面的な観点から3つ以上抽出し、
　　分析せよ。

(2) 抽出した課題のうち、最も重要と考えるものを1つ挙げ、その課題に

208

対する複数の解決策を示せ。

(3) 生産・販売におけるデジタル化を考慮した生産設備の設計、計画のための課題に対する解決策に共通して新たに生ずるリスクを挙げて、それへの対策について述べよ。

第4章「1. 機械設計」の（5）項を参照してください。

(3) 最適化・高度化

○ 最近、ビジネス分野などで、「見える化」がキーワードになってきている。例えば、組織の見える化、顧客の趣向や満足度の見える化など、その利活用が進められている。一方、工学分野では、物理現象を解明するために、通常、センサや測定装置による各種測定が行われているが、この測定プロセスも、見える化の1つである。つまり、「見える化」は、「見えていなかったものを見えるようにする」ことを意味していると言える。

ものづくり現場においては、設備が故障して停止状態にあることを表示して、関係者に知らせるというような単純な「見える化」に始まり、現在では、より高度な「見える化」に発展させ、生産現場の更なる合理化を実現しようとする多くの取組が始まっている。しかしながら、現実的には、見える化がうまく機能していないことも多いことが指摘されている。これらに関連して、以下の問いに答えよ。　　　　　　　　　　（H30−1）

(1) 特に、ものづくり現場において、見える化がこれまで以上に期待され、注目されるようになってきた背景を2つ挙げて、その内容について説明せよ。

(2) ものづくり現場の「見える化」がうまく機能しない主な要因を3つ挙げて、その内容について説明せよ。

(3) 上記（2）で挙げた要因のうち、2つについて、それらを解決するための方策について述べよ。

○ サプライチェーンにおいて、複数企業あるいは1つの企業の複数部門で、販売、製造、調達、物流などの機能をそれぞれ受け持つことによって、材料を完成品に変換し、消費者に届ける活動が行われる。それぞれの機能単

位が個別の最適を追求すると、サプライチェーン全体で最適にならないことがある。　　　　　　　　　　　　　　　　　　　　　　　　　（H28－2）

(1) サプライチェーンにおいて、個別最適が全体最適にならない例を2つ挙げて説明せよ。

(2) 上記（1）で挙げた2つの例について、要因として考えられることをそれぞれ1つ挙げて説明せよ。

(3) 上記（2）で挙げた2つの要因それぞれについて、その対策方法を挙げて説明せよ。

○　ものづくりの競争力を高めるために、新製品の開発とその製造ライン立ち上げまでのリードタイムをより一層短縮することが重要である。リードタイム短縮に関する以下の問いに答えよ。　　　　　　　　　（H26－2）

(1) リードタイム短縮を実現する上で重要と考えられる項目を4つ挙げ、それぞれを説明せよ。

(2) (1) で挙げた4項目の中から2項目を選び、それぞれの課題を説明せよ。

(3) (2) で挙げた2項目の課題に対する解決策、及び解決策を実現する上での問題点についてそれぞれ述べよ。

○　現在の日本においては、多様化した個人のニーズに合った多くの仕様を組み合わせた製品を市場に出していく傾向にある。このような多種少量の製品生産が求められる状況を考慮して、加工機械・産業機械及び生産設備の最適化設計、計画を行う観点から、以下の問いに答えよ。　　　（練習）

(1) 加工機械・産業機械及び生産設備の最適化設計、計画のための課題を機械生産技術者の立場で多面的な観点から3つ以上抽出し、分析せよ。

(2) 抽出した課題のうち、最も重要と考えるものを1つ挙げ、その課題に対する複数の解決策を示せ。

(3) 加工機械・産業機械及び生産設備の最適化設計、計画のための課題に対する解決策に共通して新たに生ずるリスクを挙げて、それへの対策について述べよ。

最適化・高度化においてもIT技術やデジタル技術を活用して実現を図っていくことになりますので、（2）項の「情報化・デジタル化」と同様に、第4章

「1. 機械設計」の（5）項も参照してください。

　さらに「加工・生産システム・産業機械」においては、最適化の範囲を見極める必要があります。個々の加工・生産・産業機械、生産システムの範囲にとどまることなく生産設備全体、さらにはサプライチェーンまで含めた原料の調達から生産・出荷までのモノのすべての流れ、あるいは生産設備そのもののライフサイクルに視点を当てた最適化を考えるなど、どの範囲で切っても自分の考えを述べられるようにしておくことが求められます。

（4）グローバル化・標準化

○　近年、日本企業の生産拠点が国内回帰する動きがある。生産拠点の国内回帰について、以下の問いに答えよ。　　　　　　　　　　　（H27 − 1）

　（1）生産拠点を国内回帰させる主たる要因を3つ挙げ、それぞれの根拠を述べよ。

　（2）国内回帰する際に考慮すべき技術的課題を2つ挙げ、それぞれについて説明せよ。

　（3）上記（2）で挙げた2つの課題について、それぞれ解決方法を述べよ。

○　1980年代、食生活改善運動の中で、農産物に対して地域生産地域消費（地産地消）という概念が生まれた。最近では、製造業においても地産地消の考えが導入され、開発拠点・製造拠点のグローバル化とともに設計・製造方法が大きく転換し、種々の切り口での検討が必要になってきた。このような視点で以下の各問いに答えよ。　　　　　　　　　（H25 − 1）

　（1）製造業における地産地消を実現する上で重要と考えることを3つ挙げよ。

　（2）上記（1）で挙げた3つについて、それぞれの課題を説明せよ。

　（3）上記（2）で挙げた課題に対する解決方法をそれぞれ述べよ。

○　標準化という言葉は、規格化、共通化、VR（Variety Reduction）化、モジュール化など広い意味に使われている。機械工業の分野では標準化の取組みが、Q（Quality）C（Cost）D（Delivery）の確保のために重要となっている。そこで、標準化の取組みに関して、以下の問いに答えよ。

（H25 − 2）

(1) 1つの製品に着目し、その開発・設計・製造の段階で標準化がどのように貢献するのか、具体的な取組み方法とその効果について3例説明せよ。

(2) 様々な製品群を製造する企業としては、個々の製品とは異なった標準化の取組みが必要になる。具体的な取組み方法とその効果について3例説明せよ。

(3) あなたの業務に関連した分野で、標準化が進んでいないために生じている不都合の中から具体的な事例を2つ述べ、それぞれについて、なぜ標準化ができなかったのかを分析し、その不都合を解消するために、あなたあるいは組織はどのような取組みを行うべきかを示せ。

○　産業製品の開発や市場への投入の速度は年々早くなる傾向にある。そのうえ、市場は全世界に広がり、より広範囲なグローバルレベルでの情報収集が製造時点で求められ、製品に対して求められる安全性もグローバル対応していかなければならない。そのような状況を考慮して、製造・加工機械、産業機械の設計、計画を行う観点から、以下の問いに答えよ。

（練習）

(1) 安心・安全な製品や装置を世の中に送り出すための課題を、機械生産技術者の立場で多面的な観点から3つ以上抽出し、分析せよ。

(2) 抽出した課題のうち最も重要と考えるものを1つ挙げ、その課題に対する複数の解決策を示せ。

(3) 安心・安全な製品や装置を世の中に送り出すための課題に対する解決策に共通して新たに生ずるリスクを挙げて、それへの対策について述べよ。

第4章「1. 機械設計」の（6）項を参照してください。

(5) その他

○　少子高齢化に伴い、労働人口が減少している。また、製造現場での高齢化が進みつつある。その一方で、高齢社会白書（平成24年版）では「65歳以降も働き続けたい人は多いが、60歳代後半の就業率は4割弱に留まって

いる。」とされている。そのため、製造現場における高齢者の一層の活躍推進方法が課題となってきている。高齢化社会における製造現場について、以下の問いに答えよ。　　　　　　　　　　　　　　　　　(H28-1)

(1) 高齢者を製造現場において一層の活躍を推進する上での課題を3つ挙げ、それぞれについて説明せよ。

(2) 上記 (1) で挙げた3つの課題の中から2つの課題を選び、それぞれについて技術的解決方法を説明せよ。

(3) 上記 (2) で挙げた2つの技術的解決方法について、それぞれを実現する上での問題点について説明せよ。

○　自然災害などの外部環境によって、突然かつ一定期間サプライチェーンが途絶するリスクが存在する。そのようなリスクが起こった際、その大きさや影響を及ぼす範囲によってサプライチェーンの途絶を次の3つ (①〜③) のタイプに分類して考える。

①　損害箇所が単一で損害が小さく、要因が短期で収束し、1企業で対応可能なケース (損害期間が短期、損害規模が小)。

②　2004年10月に発生した新潟県中越地震における自動車部品工場の被災のように、サプライチェーンに係わる複数企業が被害を受けるが社会インフラは比較的短期間で修復されるケース (損害期間が中期、損害規模が中)。

③　2011年3月に発生した東日本大震災のように、損害が極めて大きく社会インフラにも影響が及び、長期の復旧作業が必要なケース (損害期間が長期、損害規模が大)。

　これらのサプライチェーンに関するリスクを軽減するためにはどうすればよいかという観点から、以下の問いに答えよ。　　　　　　　　(H26-1)

(1) 上記3つのタイプそれぞれについて、リスク要因を2つずつ挙げ、それらの影響について具体的に説明せよ。

(2) 上記の①と②のタイプそれぞれについて、リスク要因の影響を減ずるための対策とその対策がもたらす課題を述べよ。

(3) 上記の③のタイプが起こった場合について、サプライチェーンの効率・持続可能性、人間心理、人道的側面などの観点から、どのような課題が

あるかを述べよ。

○ 宇宙開発の拡大やマイクロロボットの出現などから、微細な機械部品を
より精度良く製作することが求められている。製造・加工機械、産業機械
の設計、計画を行う観点から、以下の問いに答えよ。 （練習）

(1) より小さな部品を高精度で製作するための課題を、機械生産技術者の
立場で多面的な観点から3つ以上抽出し、分析せよ。

(2) 抽出した課題のうち、最も重要と考えるものを1つ挙げ、その課題に
対する複数の解決策を示せ。

(3) より小さな部品を高精度で製作するための課題に対する解決策に共通
して新たに生ずるリスクを挙げて、それへの対策について述べよ。

その他の項目としては、少子高齢化や自然災害など近年我が国で問題となっ
ている事項を背景として、「加工・生産システム・産業機械」を設計・製作し
ていく際にどういうことを考慮し、設計上の問題点として捉え、これらを解決
したうえで対処すべきか、その対処に対して新たに問題となる事象は発生しな
いかなどを考える設問になっています。少子高齢化については第4章「1. 機械
設計」の（3）項を、自然災害については、第4章「3. 機構ダイナミクス・制
御」の（2）項も参照してください。

さらに上記以外で考えられるテーマとして、これまで人類にとって開発が深
く及んでいなかった新しい環境、例えば宇宙空間、深海での生産に用いる機械
や設備の設計はどうあるべきかまで視野に入れておくとよいでしょう。

第5章

必須科目（Ⅰ）の要点と対策

　必須科目（Ⅰ）は、令和元年度試験から記述式の問題が出題されるようになり、『「技術部門」全般にわたる専門知識、応用能力、問題解決能力及び課題遂行能力』を試す問題が出題されています。

　出題内容としては、『現代社会が抱えている様々な問題について、「技術部門」全般に関わる基礎的なエンジニアリング問題としての観点から、多面的に課題を抽出して、その解決方法を提示し遂行していくための提案を問う。』とされています。

　評価項目としては、『技術士に求められる資質能力（コンピテンシー）のうち、専門的学識、問題解決、評価、技術者倫理、コミュニケーションの各項目』となっています。

　必須科目（Ⅰ）で出題された過去問題は、令和元年度試験に出題された2問しかありませんが、最近のトピックスから推察すると、SDGs（持続可能な開発目標）、国際競争力、地球環境問題、災害、品質・信頼性、情報化、少子高齢化、技術伝承・人材育成、技術開発などの内容が今後出題される可能性があると想定しています。なお、解答する答案用紙枚数は3枚（1,800字以内）です。

　なお、本章で示す問題文末尾の（　）内に示した内容は、R1－1が令和元年度試験の問題の1番を示し、（練習）は著者が作成した練習問題を示します。

1．SDGs（持続可能な開発目標）

○　持続可能な社会実現に近年多くの関心が寄せられている。例えば、2015年に開催された国連サミットにおいては、2030年までの国際目標SDGs（持続可能な開発目標）が提唱されている。このような社会の状況を考慮して、以下の問いに答えよ。　　　　　　　　　　　　　　　　（R1－2）

(1) 持続可能な社会実現のための機械機器・装置のものづくりに向けて、あなたの専門分野だけでなく機械技術全体を総括する立場で、多面的な観点から複数の課題を抽出し分析せよ。

(2) 抽出した課題のうち最も重要と考える課題を1つ挙げ、その課題に対する解決策を具体的に3つ示せ。

(3) 解決策に共通して新たに生じるリスクとそれへの対策について述べよ。

(4) 業務遂行において必要な要件を機械技術者としての倫理の観点から述べよ。

SDGsでは、図表5．1に示す17の目標が示されていますので、機械部門で関係しそうな目標については、最近の動向を調査しておく必要があります。SDGsは、今後も小設問を変えて出題される可能性がある項目だと考えます。

図表5.1　SDGsの17の目標

目　標	詳　細
1．貧困	あらゆる場所のあらゆる形態の貧困を終わらせる。
2．飢餓	飢餓を終わらせ、食料安全保障及び栄養改善を実現し、持続可能な農業を促進する。
3．保健	あらゆる年齢のすべての人々の健康的な生活を確保し、福祉を促進する。
4．教育	すべての人に包摂的かつ公正な質の高い教育を確保し、生涯学習の機会を促進する。
5．ジェンダー	ジェンダー平等を達成し、すべての女性及び女児の能力強化を行う。
6．水・衛生	すべての人々の水と衛生の利用可能性と持続可能な管理を確保する。
7．エネルギー	すべての人々の、安価かつ信頼できる持続可能な近代的エネルギーへのアクセスを確保する。
8．経済成長と雇用	包摂的かつ持続可能な経済成長及びすべての人々の完全かつ生産的な雇用と働きがいのある人間らしい雇用（ディーセント・ワーク）を促進する。
9．インフラ、産業化、イノベーション	強靭（レジリエント）なインフラ構築、包摂的かつ持続可能な産業化の促進及びイノベーションの推進を図る。
10．不平等	各国内及び各国間の不平等を是正する。
11．持続可能な都市	包摂的で安全かつ強靭（レジリエント）で持続可能な都市及び人間居住を実現する。
12．持続可能な生産と消費	持続可能な生産消費形態を確保する。
13．気候変動	気候変動及びその影響を軽減するための緊急対策を講じる。
14．海洋資源	持続可能な開発のために海洋・海洋資源を保全し、持続可能な形で利用する。
15．陸上資源	陸域生態系の保護、回復、持続可能な利用の推進、持続可能な森林の経営、砂漠化への対処ならびに土地の劣化の阻止・回復及び生物多様性の損失を阻止する。
16．平和	持続可能な開発のための平和で包摂的な社会を促進し、すべての人々に司法へのアクセスを提供し、あらゆるレベルにおいて効果的で説明責任のある包摂的な制度を構築する。
17．実施手段	持続可能な開発のための実施手段を強化し、グローバル・パートナーシップを活性化する。

出典：外務省ホームページ

なお、優先課題として図表5.2の内容が示されています。

図表5.2　SDGsの優先課題と具体的施策

優先課題	具体的施策
①あらゆる人々の活躍の推進	一億総活躍社会の実現、女性活躍の推進、子供の貧困対策、障害者の自立と社会参加支援、教育の充実
②健康・長寿の達成	薬剤耐性対策、途上国の感染症対策や保健システム強化、公衆衛生危機への対応、アジアの高齢化への対応
③成長市場の創出、地域活性化、科学技術イノベーション	有望市場の創出、農山漁村の振興、生産性向上、科学技術イノベーション、持続可能な都市
④持続可能で強靭な国土と質の高いインフラの整備	国土強靭化の推進・防災、水資源開発・水循環の取組、質の高いインフラ投資の推進
⑤省・再生可能エネルギー、気候変動対策、循環型社会	省・再生可能エネルギーの導入・国際展開の推進、気候変動対策、循環型社会の構築
⑥生物多様性、森林、海洋等の環境の保全	環境汚染への対応、生物多様性の保全、持続可能な森林・海洋・陸上資源
⑦平和と安全・安心社会の実現	組織犯罪・人身取引・児童虐待等の対策推進、平和構築・復興支援、法の支配の促進
⑧SDGs 実施推進の体制と手段	マルチステークホルダーパートナーシップ、国際協力におけるSDGsの主流化、途上国のSDGs実施体制支援

出典：外務省ホームページ

2. 国際競争力

○ 我が国は、今後労働人口が減少する状況の下で、技術的な国際競争力を更に高めていく必要がある。このため、機械製品には高い性能と多くの機能が求められると同時に、ユーザーの使用条件に見合った製品仕様の多様化への対応などが必要となってくる。そこで、ものづくりの観点からこれを実現する1つの考え方として、従来の「擦り合わせ」を中心とした相互依存に基づく手法から、「組み合わせ」を中心とした構成要件の定義に基づく手法への転換が挙げられる。このような状況を踏まえて、以下の問いに答えよ。 (R1－1)

(1) 機械製品のものづくりの手法を上記の考え方に沿って転換する場合に必要な検討項目を、技術者としての立場で、多面的な観点から複数の課題を抽出し分析せよ。

(2) 抽出した課題のうち最も重要と考える課題を1つ挙げ、その課題に対する複数の解決策を示せ。

(3) 解決策に共通して新たに生じうるリスクとそれへの対策について述べよ。

(4) 業務遂行において必要な要件を技術者としての倫理、社会の持続可能性の観点から述べよ。

　国際競争力は、価格競争力と非価格競争力に大別されます。前者は、より低価格の製品を供給することであり、生産性の向上、安価な人件費や原料価格により価格競争力の強さが決定されます。技術者に求められるのは、後者の非価格競争力であり、製品の性能、品質、デザイン性、信頼性、市場への適合度、高度の技術水準、他国では製造できない特殊性、利用者の利便性が高いなどによる競争力です。

　IoT、ビッグデータ、人工知能などを活用して、他国ではできない技術・サービス・システムを付加した製品を開発して、国際競争力を強化することが必要になります。あるいは、「多品種少量生産に対応できる」や「短納期に対応できる」ということも国際競争力につながります。

　我が国は、少子高齢化、労働人口減少・人手不足などの問題を世界でもいち早く経験しています。それに対応する介護機器や、ロボット医療機器など「ロボットニーズ先進国」でもあります。「ニーズに応えたものづくり」という我が国の得意路線を進んでいけば、それがロボット技術の進化やロボットの普及をもたらすだけではなく、社会的課題そのものの改善につながり得ると考えます。

　また、製品のグローバル化により、国際的なものづくりの仕組みを考える必要がありますが、製品の国際競争力を向上させること、また、世界的に新しい機能を備えた製品を普及させていくためには、国際標準化戦略が欠かせません。

　このような観点から、国際競争力の強化に向けて機械部門において取るべき対策を検討しておく必要があります。

3. 地球環境問題

○ 我が国は、温室効果ガス削減の目標として、2030年までに2013年比で26％削減するとしている。このため、あらゆる施設において温室効果ガス削減の対策が求められている。このことを踏まえて以下の問いに答えよ。

（練習）

(1) あなたの専門分野における省エネ等の温室効果ガス削減対策の現状について述べるとともに、機械部門の技術者としての立場で多面的な観点から課題を抽出し分析せよ。

(2) 抽出した課題のうち最も重要と考える課題を1つ挙げ、その課題に対する複数の解決策を示せ。

(3) 解決策に共通して新たに生じるリスクとそれへの対策について述べよ。

(4) 上記事項を業務として遂行するに当たり、技術者としての倫理、社会の持続可能性の観点から必要となる要件・留意点を述べよ。

地球温暖化に関しては、2015年12月の気候変動枠組条約第21回締約国会議（COP21）で採択されたパリ協定がありますが、パリ協定は地球温暖化対策の国際的な枠組みを定めた協定で、次のような要素が盛り込まれています。

① 世界共通の長期目標として、2℃目標の設定と1.5℃に抑える努力を追求する

② 主要排出国を含むすべての国が削減目標を5年ごとに提出・更新する

③ 二国間クレジット制度を含めた市場メカニズムを活用する

④ 適応の長期目標を設定し、各国の適応計画プロセスや行動を実施するとともに、適応報告書を提出・定期更新する

⑤ 先進国が資金を継続して提供するだけでなく、途上国も自主的に資金を提供する

⑥　すべての国が共通かつ柔軟な方法で実施状況を報告し、レビューを受ける

⑦　5年ごとに世界全体の実施状況を確認する仕組みを設ける

　これらの要素を理解して、機械部門において取るべき対策を検討しておく必要があります。

4. 災　害

○　我が国は、暴風、豪雨、豪雪、洪水、高潮、地震、津波、噴火その他の異常な自然現象に起因する自然災害に繰り返しさいなまれてきた。自然災害への対策については、南海トラフ地震、首都直下地震等が遠くない将来に発生する可能性が高まっていることや、気候変動の影響等により水災害、土砂災害が多発していることから、その重要性がますます高まっている。

　　こうした状況下で、「強さ」と「しなやかさ」を持った安全・安心な国土・地域・経済社会の構築に向けた「国土強靱化」（ナショナル・レジリエンス）を推進していく必要があることを踏まえて、以下の問いに答えよ。

（練習）

(1) ハード整備の想定を超える大規模な自然災害に対して安全・安心な国土・地域・経済社会を構築するために、機械部門の技術者としての立場で多面的な観点から課題を抽出し分析せよ。

(2) (1) で抽出した課題のうち最も重要と考える課題を1つ挙げ、その課題に対する複数の解決策を示せ。

(3) (2) で提示した解決策に共通して新たに生じうるリスクとそれへの対策について述べよ。

(4) (1) 〜 (3) を業務として遂行するに当たり必要となる要件を、技術者としての倫理、社会の持続可能性の観点から述べよ。

　最近では、世界各地で地震や洪水などの自然災害の発生も増えており、災害への対策が強く求められるようになってきています。特に我が国は、災害が起きやすい地質や地形になっていますので、さまざまな視点での検討が必要となります。さらに、東日本大震災の被害を目の当たりにした我が国は、自然の持つ圧倒的な力に対して、社会やシステム、インフラストラクチャの脆弱性を強

く認識しました。特に、住宅、学校、病院についての耐震化を早急に図る必要があります。そのため、我が国の緊急対策の方針として、次の8点が挙げられています。

① 耐震改修を促進する制度（計画的促進、規制見直し等）

② 耐震化の重点実施（密集市街地、緊急輸送道路沿い）

③ 専門家等の技術向上（講習会開催、簡易工法開発推進等）

④ 費用負担の軽減（補助制度活用、税制度整備検討）

⑤ 安全な資産が評価されるしくみ（地震保険料の割引等）

⑥ 所有者等への普及啓発（ハザードマップ整備等）

⑦ 総合的な対策（敷地、窓ガラス、天井、エレベーター等）

⑧ 家具の転倒防止（固定方法の周知、普及啓発等）

以上のような方針に対して、機械部門として防災・減災の観点で検討すべき事項が多く存在しますので、さまざまな観点から事前に検討をしておく必要があります。

5. 品質・信頼性

○　近年明らかになった品質データの改ざんは、これまで高く評価されてき
た日本製品への信頼を揺るがしかねない重大な問題である。政府は「製造
業の品質保証体制の強化に向けて」をとりまとめ、製造業における自主検
査の徹底や信頼性の高い品質保証システムの構築を推進している。一方で、
データの改ざんが行われる背景の1つとして、品質よりコストを優先させ
る企業風土が挙げられている。

　　上記のような状況を踏まえて、以下の問いに答えよ。　　　　（練習）

(1)　機械製品・システムの製造におけるコストと品質の両立に関して、技
術者としての立場で多面的な観点から課題を抽出し分析せよ。

(2)　そのうち最も重要と考える課題を1つ挙げ、その課題に対する複数の
解決策を示せ。

(3)　解決策に共通して新たに生じうるリスクとそれへの対策について述べよ。

(4)　上記事項の業務遂行において必要な要件を、技術者としての倫理、社
会の持続可能性の観点から述べよ。

　技術者は、さまざまな場面で、信頼性を損なわないように十分な配慮をしな
ければなりません。品質が損なわれた場合には、社会や公衆に大きな影響を及
ぼしますので、社会的な責任問題ともなります。また、必須科目（Ⅰ）の評価
項目に「技術者倫理」が含まれていますので、その点でも出題しやすい項目と
いえます。品質や社会的責任に関しては、ISOでも下記のような規格を示して
います。そういった内容を把握して、解答ができるよう準備しておく必要があ
ります。

①　ISO 9001：品質マネジメントシステム

②　ISO 26000：社会的責任に関する手引き

6. 情　報　化

○　AIやIoT等のデジタル技術の活用は、産業界において新たな付加価値を創出するとともに、生産性向上やコスト削減をもたらし、今後の経済成長の原動力になると期待されている。機械部門においても、デジタル技術の活用に向けた取組が始まっている。　　　　　　　　　　（練習）

(1)　我が国の機械部門におけるデジタル技術の活用に関して、技術者としての立場で多面的な観点から課題を抽出し分析せよ。

(2)　抽出した課題のうち最も重要と考える課題を1つ挙げ、その課題に対する複数の解決策を示せ。

(3)　解決策に共通して新たに生じうるリスクとそれへの対策について述べよ。

(4)　上記事項を業務として遂行するに当たり、技術者としての倫理、社会の持続可能性の観点から必要となる要件・留意点を述べよ。

AI：Artificial Intelligence、IoT：Internet of Things

　最近では、多様なIoTサービスを創出するために、膨大な数のIoT機器を迅速かつ効率的に接続する技術や異なる無線規格の機器や複数のサービスをまとめて効率的かつ安全にネットワークに接続・収容する技術等の共通基盤技術の確立および国際標準化への取組を強化しています。また、人工知能技術に関しては、関係各省庁でさまざまな研究・開発が行われています。総務省では、脳活動分析技術を用いて、人の感性を客観的に評価するシステムの開発を実施しており、自然言語処理、データマイニング、辞書・知識ベースの構築等の研究開発を実施しています。

　このような状況に対して、文部科学省では、次のような研究課題に対する支援を行っています。

① 深層学習の原理解明や汎用的な機械学習の新たな基盤技術の構築

② 再生医療、モノづくりなどの日本が強みを持つ分野をさらに発展させ、高齢者ヘルスケア、防災・減災、インフラの保守・管理技術などの我が国の社会的課題を解決するための人工知能等の基盤技術を実装した解析システムの研究開発

③ 人工知能技術の普及に伴って生じる倫理的・法的・社会的問題に関する研究

一方、経済産業省では、次のような開発等に取り組んでいます。

ⓐ 脳型人工知能やデータ・知識融合型人工知能の先端研究

ⓑ 研究成果の早期橋渡しを可能とする人工知能フレームワーク・先進中核モジュールのツール開発

ⓒ 人工知能技術の有効性や信頼性を定量的に評価するための標準的評価手法等の開発

こういった背景を踏まえて、機械部門の技術者として検討すべき内容を整理しておく必要があります。

7.　少子高齢化

○　我が国の人口は、2008年をピークに減少に転じており、2050年には1億人を下回るとも言われる人口減少時代を迎えている。人口が減少する中で、機械技術は社会において重要な役割を果たすものと期待され、その能力を最大限に引き出すことのできる社会・経済システムを構築していくことが求められる。　　　　　　　　　　　　　　　　　　　　　　　　　（練習）

(1)　人口減少時代における課題を、技術者として多面的な観点から抽出し分析せよ。解答は、抽出、分析したときの観点を明記した上で、それぞれの課題について説明すること。

(2)　(1) で抽出した課題の中から機械技術に関連して最も重要と考える課題を1つ挙げ、その課題の解決策を3つ示せ。

(3)　その上で、解決策に共通して新たに生じうるリスクとそれへの対策について、専門技術を踏まえた考えを示せ。

(4)　(1) ～ (3) の業務遂行において必要な要件を、技術者としての倫理、社会の持続可能性の観点から述べよ。

　我が国の高齢化率は、2036年には33.3％にまで達すると予想されており、2065年には38.4％になると想定されています。一方、出生数は減少を続けており、年少（0～14歳）人口は2056年に1,000万人を割り2065年には898万人にまで減少すると想定されています。その結果、生産年齢（15～64歳）人口は、2013年に8,000万人を割っており、2055年には5,028万人になると推計されています。そのため、1950年には高齢者1人に対して12.1人の生産年齢人口があったのに対して、2015年には2.3人となり、2065年には1.3人にまで激減すると考えられています。なお、人口のほうは、2010年時点で1億2,806万人であり、2030年には1億2,000万人を下回ると推定されており、その後も減少していく

と予想されています。

　こういった背景を考慮して、機械部門において、ロボット技術や無人運転技術を含めてどういった対応策を考えなければならないかを検討しておく必要があります。

8. 技術伝承・人材育成

○　我が国の機械分野では、他の産業分野と同様に人材の育成・確保が大きな問題となっている。熟練技術者の退職による技術伝承の問題に加えて、機械技術者の確保と人材育成も難しい環境になってきている。このような背景の中で日本の機械分野の持続的な発展の為に技術伝承と人材育成に関して、以下の問いに答えよ。　　　　　　　　　　　　　　　　　　（練習）

(1) 機械技術者の立場で多面的な観点から課題を抽出し分析せよ。

(2)（1）で抽出した課題の中から最も重要と考える課題を1つ挙げ、その課題に対する複数の解決策を示せ。

(3) 解決策に共通して新たに生じうるリスクとそれへの対策について述べよ。

(4)（1）〜（3）の業務遂行において必要な要件を、技術者としての倫理、社会の持続可能性の観点から述べよ。

　第4章「1. 機械設計」の「（4）技術伝承」に技術伝承と文部科学省が2015年3月に策定した「理工系人材育成戦略」を記載してありますので、それを参照してください。

　このような背景を考慮して、機械部門において、技術伝承と人材育成をどのように実施していくのか、具体的な対応策を検討しておく必要があります。

9. 老朽化・安全性

○ 我が国の産業設備は、高度経済成長期に建設されたものが未だに稼働している状況であり、かなり老朽化した設備が見受けられる。例えば、2011年の東日本大震災まで稼働していた原子力発電所では、その時点で運転開始後に20年以上経過したものが多数存在している。東海道新幹線は、今年で開業後55年目となっている。このような設備の老朽化の対策としては、保守・点検を継続的に実施することで安全性を確保していることになる。このような状況に関して、以下の問いに答えよ。 （練習）

(1) ハード整備の想定を超える大規模な自然災害に対して安全・安心な国土・地域・経済社会を構築するために、機械部門の技術者としての立場で多面的な観点から課題を抽出し分析せよ。

(2) (1) で抽出した課題のうち最も重要と考える課題を1つ挙げ、その課題に対する複数の解決策を示せ。

(3) (2) で提示した解決策に共通して新たに生じうるリスクとそれへの対策について述べよ。

(4) (1) ～ (3) を業務として遂行するに当たり必要となる要件を、技術者としての倫理、社会の持続可能性の観点から述べよ。

老朽化については、第4章「2. 材料強度・信頼性」の「(2) インフラ老朽化」および第4章「3. 機構ダイナミクス・制御」の「(2) 保全・老朽化・災害対応」を参照してください。また、安全性については、第4章「1. 機械設計」の「(2) 安全」を参照してください。

このような背景を考慮して、機械部門において、老朽化とそれに対する安全性確保をどのように実施していくのか、具体的な対応策を検討しておく必要があります。

10. 新技術開発

○　我が国は天然資源に乏しく、製品の素材となる資源をほとんど海外から
の輸入に頼っている。その素材を製品として加工して付加価値を向上し、
海外に輸出することで国としての経済力を保持している。それを今後も維
持継続していくためには、製品の付加価値を更に高めていく必要がある。
このためには、破壊的な新技術の開発が必要になると考える。このような
状況を踏まえて、以下の問いに答えよ。　　　　　　　　　　　（練習）

(1) 新技術の開発に必要な検討項目を、機械分野の技術者としての立場で、
多面的な観点から複数の課題を抽出し分析せよ。

(2) 抽出した課題のうち最も重要と考える課題を1つ挙げ、その課題に対
する複数の解決策を示せ。

(3) 解決策に共通して新たに生じうるリスクとそれへの対策について述べ
よ。

(4) 業務遂行において必要な要件を技術者としての倫理、社会の持続可能
性の観点から述べよ。

　我が国は資源を輸入して、工業製品を製作して輸出することにより経済が成
り立っています。いわゆる工業立国として世界に貢献しています。その基盤は、
新製品の開発といっても過言ではありません。旧態以前の製品のみを製作して
いるようであれば、たちまちに新進国に後れを取ってしまうのは明白であり、
それにより経済基盤を失ってしまいます。そこで、技術者は常日頃から新製品
や新技術に対する感性を持ち続ける必要があります。ただ、いざ新製品を開発
するとなっても、経験が少ない技術者は「どうやって業務を遂行するのか？」
戸惑うことになります。技術士を受験するような経験者は、このような課題に
対しても日頃から考えておくことが求められます。

　なお、新技術の対象となるのは、新エネルギー、革新的・先進的な省エネルギー技術、地球環境対応技術、3R（Reduce、Reuse、Recycle）対応技術、少子・高齢化への対応技術、安全確保・信頼性向上への対応技術、人工知能（AI）やIoTの情報化技術、新素材・複合材料、コンピュータ・シミュレーション技術、自動運転技術、再生医療などさまざまな分野がありますが、受験者の専門とする技術に関連したものを取り上げて考えておくのがよいと考えます。

11. 全般的な要点と対策

　令和元年度試験から技術士第二次試験の試験方法が改正され、すべての試験科目で記述式問題が出題されることになりました。試験制度改正の内容ですが、ここで改めて平成28年12月に文部科学省　科学技術・学術審議会　技術士分科会によって取りまとめられた報告書「今後の技術士制度の在り方」の別紙5「今後の第二次試験の在り方について」に書かれている、今後の第二次試験の目的ならびに試験の程度を示します。

【試験の目的】
　　複合的なエンジニアリング問題を技術的に解決することが求められる技術者が、問題の本質を明確にし調査・分析することによってその解決策を導出し遂行できる能力を確認することを目的とする。
【試験の程度】
　　複合的なエンジニアリング問題や課題の把握から、調査・分析を経て、解決策の導出までの過程において、多様な視点から、論理的かつ合理的に考察できることを確認することを程度とする。

　必須科目（Ⅰ）は、ここに示した試験の目的を考慮して、これまでの「択一式」を変更して「記述式」の出題とし、問題の種類は「技術部門全般にわたる専門知識、応用能力及び問題解決能力・課題遂行能力を問うもの」としています。

　これらのことから、令和元年度試験からの新しい試験制度で核となるのは「複合的問題、複合的活動」というキーワードです。ここで示された「複合的問題と複合的活動」の「複合的問題」とは、(1) 広く深いエンジニアリング知識が必要、(2) 広範囲で相反する問題を取り扱う、(3) 明白な解決策がない、

（4）単なる経験でなく研究ベースの知識を必要とする、（5）めったには直面しない問題を含む、（6）通常のレベルを超える問題、（7）多様な利害関係者の集団を含む、（8）相互に依存する多くの構成要素を含む、という内容になります。

また、「複合的活動」とは、（1）多様な資源を使用する、（2）広範囲で相反する問題を取り扱う、（3）エンジニアリングの原理や知識を創造的に使用する、（4）重大な結果をもたらす、（5）過去の経験を超えて広げる、で整理することができます。

これらの項目から、一言でいえば相反する問題を組み込むということになります。

また、機械部門の特徴としては、専門知識として4大力学を考える必要があります。そのため、解答作成に際しては、4大力学を念頭に入れて上記の「複合的問題と複合的活動」を示せるような内容に仕上げることが重要になります。

「複合的な問題を、複合的な方法で取り組むこと」が技術士試験に求められて、この「複合的問題と複合的活動」に対しての令和元年度試験に出題された問題の設問では、「多面的な観点から複数の課題を抽出し分析せよ」となっています。

そのため、多面的な観点から多様な視点については、受験者が専門とする事項に関連して、いくつかの得意パターンを作っておくことが重要であると考えます。

（例1）設計者の視点、製造者の視点、維持管理者の視点、使用者の視点、廃棄時の視点

（例2）環境との関わり、安全との関わり、使い勝手との関わり、コストとの関わり

（例3）自分の専門技術を中心として、上流側設計者との関わり、下流側設計者との関わり、関連技術者との関わり

第6章

解 答 例

　これまで過去問題と練習問題を100問余見てもらいましたが、ただ問題を見ているだけで解答が書けるようにはなりません。そのために、すべての問題を項目立てして問題の内容を理解してもらったわけですが、やはり実際に解答を書いてみることも大切です。そこで、この章では、いくつかの解答例を示します。紙面の関係上、すべての選択科目の解答例は示せませんが、大事な点は、試験委員に読みやすい解答を作成できるかどうかです。ですから、ここで示す解答例の内容よりも、文章の展開方法や説明方法を参考にしてもらいたいと考えます。そういった点では、自分が受験する選択科目以外の問題の内容を読んでもらうと、より一層理解しやすい文章の書き方が理解できると思います。

　なお、技術士第二次試験では、1行24文字の答案用紙形式を用いています。解答練習する際には、次ページに掲載した答案用紙をA5からA4に拡大して使ってください。

技術士第二次試験答案用紙例

受験番号		技術部門		部門	※
問題番号		選択科目			
答案使用枚数		専門とする事項			

○受験番号、問題番号、答案使用枚数、技術部門、選択科目及び専門とする事項の欄は必ず記入すること。
○解答欄の記入は、1マスにつき1文字とすること。（英数字及び図表を除く。）

●裏面は使用しないで下さい。　●裏面に記載された解答は無効とします。　　24字×25行

1. 選択科目（Ⅱ－1）の解答例

（1）機械設計

○　「設計審査（design review）」、「設計検証（design verification）」、「設計の妥当性確認（design validation）」の違いが分かるようにそれぞれを説明せよ。　　　　　　　　　　　　　　　　　　　　　　（R1－4）

令和元年度　技術士第二次試験答案用紙

受験番号	0 1 0 1 B 0 0 X X	技術部門	機 械 　部門	※
問題番号	Ⅱ－1－4	選択科目	機械設計	
答案使用枚数	1 枚目　1 枚中	専門とする事項	設計工学	

○受験番号、問題番号、答案使用枚数、技術部門、選択科目及び専門とする事項の欄は必ず記入すること。
○解答欄の記入は、1 マスにつき 1 文字とすること。(英数字及び図表を除く。)

　試作品の製作を依頼された場合で違いを説明する。
試作品に対する要求仕様を A とし、これを満足させる
ための設計インプットを B、設計業務を行った後の設
計アウトプットを C、製作された試作品を D とする。
1．設計審査
　設計審査は、設計の各段階で経験豊富な技術者や管
理者が専門的立場から設計上の可否を評価する行為で
ある。例を使って説明すると、A、B、C 及び D の各
段階で専門家を含めた関係者が、内容に問題がないか
を評価する行為である。
2．設計検証
　設計検証は、設計に与えられた要求事項が、満足し
ていることを確認する行為である。設計結果のアウト
プットが、設計へのインプットで与えられている要求
事項を満たしていることを確実にするために実施され
る。例を使って説明すると、B と C との対比をする行
為であり、試作品の寸法、形状や特性を測って、設計
仕様と合っているかどうかを確認することである。
3．設計の妥当性確認
　設計の妥当性確認は、製品として要求される事項が
満足していることを確認することである。即ち、うま
く機能するかどうかを確認する行為である。例を使っ
て説明すると、A と D との対比をする行為であり、試
作品を使用条件と同じ状態でテストして、使用できる
のを確認することである。　　　　　　　　　　以上

●裏面は使用しないで下さい。　●裏面に記載された解答は無効とします。　　　24 字 ×25 行

(2) 材料強度・信頼性

○ 金属製部品の疲労強度を向上するために利用される表面処理方法を2つ挙げ、それぞれについて具体的な方法を説明し、原理及び特徴について述べよ。

(R1−3)

令和元年度　技術士第二次試験答案用紙

受験番号	0 1 0 2 B 0 0 X X	技術部門	機械 部門	※
問題番号	Ⅱ−1−3	選択科目	材料強度・信頼性	
答案使用枚数	1 枚目　1 枚中	専門とする事項	機械材料	

○受験番号、問題番号、答案使用枚数、技術部門、選択科目及び専門とする事項の欄は必ず記入すること。
○解答欄の記入は、1マスにつき1文字とすること。（英数字及び図表を除く。）

1．塑性加工による方法：ショットピーニング
　ショットピーニングは、平均直径1mm程度の鋼球を圧縮空気や遠心力によって高速度で部材の表面に打ちつけ、表層部に発生する圧縮残留応力と加工硬化で部材の疲労強度を向上する表面加工処理である。
　特徴は、得られる硬化層および圧縮の残留応力層が、表面から200〜300μm程度であり、後述の熱処理による硬化方法と異なりかなり浅い。そのため処理材の引張強さにはほとんど影響を及ぼさないが、疲労強度には顕著な効果を及ぼす。疲労強度向上機構は、①表面層の硬さが上昇すること、②表面層に圧縮残留応力が形成されること、の2点によるものである。
2．熱処理による方法：高周波焼入れ
　鉄鋼にコイルを通して1〜500kHz程度の高周波電流を通じ、その誘導電流によって表面層のみを急速に加熱して、焼入れ温度に達した後に急冷して硬化させる方法である。急速加熱冷却に基づく表面層の材質改善と、それに伴って発生する圧縮残留応力が疲労強度向上のメカニズムである。
　特徴は、①一般の焼入れに比べて熱効率が良く短時間に熱処理操作が行える、②局部加熱が可能で硬化深さの制御が容易である、③変形が小さいため後の加工に有利である、④被焼入れ面の形状に合わせた加熱コイルを用いれば一定の条件で多量の製品が処理できる、などである。
　　　　　　　　　　　　　　　　　　　　　　　　以上

●裏面は使用しないで下さい。　●裏面に記載された解答は無効とします。

24字×25行

(3) 機構ダイナミクス・制御

○ 振動計測に用いられる代表的な振動検出器を2つ挙げ、それぞれの原理、特徴及び使用上の留意点について述べよ。 (R1-3)

令和元年度 技術士第二次試験答案用紙

受験番号	0 1 0 3 B 0 0 X X	技術部門	機 械 部門	※
問題番号	Ⅱ-1-3	選択科目	機構ダイナミクス・制御	
答案使用枚数	1 枚目 1 枚中	専門とする事項	機械力学	

○受験番号、問題番号、答案使用枚数、技術部門、選択科目及び専門とする事項の欄は必ず記入すること。
○解答欄の記入は、1マスにつき1文字とすること。(英数字及び図表を除く。)

1. 圧電形振動検出器の原理、特徴、使用上の留意点
① 原理：検出器内の重りが振動で受けた力により生じる圧電素子の電荷の変化をチャージアンプで電圧に変換して、振動加速度を検出する。アンプを内蔵したものと、外部にアンプを設置するものがある。
② 特徴：加速度を検出するので固定点（不動点）は不要である。軽い錘を使用して小型化することにより、高周波の振動検出が可能となる（検出可能周波数は、固有振動数により決まる）。小型で高感度の振動検出が可能であり広く利用されている。3～10Hz以下の低周波の振動については検出の感度が落ちる。
③ 使用上の留意点：ケーブルのノイズ対策、使用する温度範囲（特にアンプを内蔵している場合）、使用方法（手持ちまたはセンサーを固定）によるノイズの影響等に注意が必要である。
2. サーボ形振動検出器の原理、特徴、使用上の留意点
① 原理：振動加速度による振子の動きを、元に戻すよう作動するサーボ機構のコイルに流れる電流を電圧に変換することにより、振動加速度を検出する。
② 特徴：加速度を検出するので固定点（不動点）は不要である。低周波域で高感度の振動検出が可能であり、低周波の振動検出や公害振動の測定などに使用される。圧電形に比べセンサがかなり大きくなる。
③ 使用上の留意点：ケーブルのノイズ対策や設置のガタの影響に対して注意が必要である。 以上

●裏面は使用しないで下さい。 ●裏面に記載された解答は無効とします。

24字×25行

（4）熱・動力エネルギー機器

○ 冷凍機における成績係数（COP）について、その定義を説明せよ。また、代表的な冷凍機の種類を3種類挙げ、それぞれの機構、冷媒、COPの特徴を述べよ。　　　　　　　　　　　　　　　　　　　　　　（R1−1）

令和元年度　技術士第二次試験答案用紙

受験番号	0104B00XX	技術部門	機　械　部門	※
問題番号	Ⅱ−1−1	選択科目	熱・動力エネルギー機器	
答案使用枚数	1枚目　1枚中	専門とする事項	冷凍機器	

○受験番号、問題番号、答案使用枚数、技術部門、選択科目及び専門とする事項の欄は必ず記入すること。
○解答欄の記入は、1マスにつき1文字とすること。（英数字及び図表を除く。）

1．冷凍機におけるCOPの定義
　COPは、エネルギー消費効率を表す指標の1つで、消費されたエネルギーに対する冷凍能力の比率（＝冷凍能力／消費されたエネルギー）で表される。
2．蒸気圧縮冷凍機の機構、冷媒、COPの特徴
　蒸気圧縮冷凍機は、気体の冷媒を圧縮機で圧縮し、凝縮器で放熱して圧力が高い液体を作る。その後に膨張弁で低圧にすることで、蒸発気化させて冷却する。冷媒としては、代替フロンや二酸化炭素等を用いる。エネルギーは、主に圧縮機の駆動に使われるだけであるので、COPは4〜6と高い。
3．吸収式冷凍機の機構、冷媒、COPの特徴
　吸収式冷凍機は、熱の吸収力が高い液体に冷媒を吸収させることによって、低圧で気化させて低温を得る冷凍機である。エネルギーは、主に冷媒を循環させることに使われるので、それで冷却能力を除した値がCOPとなる。COPは、性能が高い吸収式冷凍機で1.5程度になる。
4．吸着式冷凍機の機構、冷媒、COPの特徴
　吸着式冷凍機は、シリカゲルなどの多孔質材料が水蒸気やガスを吸着する現象を利用した冷凍機である。冷媒を蒸発器により低温で蒸発させ、吸着材を冷却しながら冷媒蒸気を吸着させることで低い圧力を得る。冷媒には一般的に水が使われており、COPは1以下と低い。
　　　　　　　　　　　　　　　　　　　　　　　　　以上

●裏面は使用しないで下さい。　●裏面に記載された解答は無効とします。　　24字×25行

(5) 流体機器

○ ターボ形流体機械のサージングの特徴を説明せよ。また、サージングの
防止方法に関する運用上や設計上の基本的な考え方を複数挙げて説明せよ。

(R1－1)

令和元年度 技術士第二次試験答案用紙

受験番号	0105B00XX	技術部門	機 械 部門	※
問題番号	Ⅱ－1－1	選択科目	流体機器	
答案使用枚数	1枚目 1枚中	専門とする事項	ポンプ	

○受験番号、問題番号、答案使用枚数、技術部門、選択科目及び専門とする事項の欄は必ず記入すること。
○解答の記入は、1マスにつき1文字とすること。(英数字及び図表を除く。)

1．サージングの特徴
　ターボ形流体機械では、低流量域において羽根回り
の流れがはく離して失速して出口の圧力が低下し、正
常域と失速域とを交互に繰り返す不安定な状態となる。
これをサージングと呼び、サージングが発生すると周
期的に流量と圧力が変動し、それに伴いターボ機械本
体や吸入・吐出配管において激しい振動が発生するこ
とがある。サージングの周期は、ターボ機械の性能に
加えて接続配管の長さや容積に依存しており、配管が
長いほど、また容積が大きいほど、周期が長くなる。
2．サージングの防止方法
　ターボ機械の低流量域での失速による揚程の低下を
最小に抑え、性能曲線を低流量域において流量低下と
ともに揚程が低下しないように改善する。ただし、遠
心圧縮機や高圧ポンプでは、性能曲線の改善によるサ
ージング防止は困難であり、バイパスラインに流量調
節弁を設置し、サージングが発生する低流量運転を避
けるのが基本的な対応である。圧縮機では、停電等に
より想定外に停止した際、吸入側と吐出側で圧力が均
圧化するのに時間を要するため、バイパスの調節弁を
急速に開放しても、サージングの発生が避けられない
ことがある。このような場合には、短時間のサージン
グに対する圧縮機本体や配管の健全性の確認（羽根、
軸振動、シール機構、配管振動予測など）、および追加
のバイパスラインの設置等を検討する。　　　　以上

●裏面は使用しないで下さい。　●裏面に記載された解答は無効とします。
24字×25行

(6) 加工・生産システム・産業機械

○　工作機械の性能に大きな影響を及ぼす基本特性は4つある。そのうちの3つを挙げて説明せよ。さらに、そのうちの1つを挙げ、その基本特性を向上するための基本原理を3項目以上挙げて、その内容について説明せよ。

(R1－1)

令和元年度　技術士第二次試験答案用紙

受験番号	0 1 0 6 B 0 0 X X	技術部門	機　械 部門	※
問題番号	Ⅱ－1－1	選択科目	加工・生産システム・産業機械	
答案使用枚数	1 枚目　1 枚中	専門とする事項	産業機械	

○受験番号、問題番号、答案使用枚数、技術部門、選択科目及び専門とする事項の欄は必ず記入すること。
○解答欄の記入は、1マスにつき1文字とすること。（英数字及び図表を除く。）

1．工作機械の性能に大きな影響を及ぼす基本特性
　基本特性のうち3つの内容を示す。
①静剛性：無負荷時にかかる力に対する工作機械構成
　部品や部品結合部の形体剛性を意味する。無負荷時
　にかかる力としては、部材の自重、切削・研磨抵抗
　の静的成分、トルク・推力などの駆動力、工作物の
　把持力やテーブルなどの固定力がある。
②動剛性：動的な力が作用した時に工作機械構成部材
　の動的変位の生じにくさを意味する。動的な力とし
　ては切削・研磨などの工作負荷やテーブル往復運動
　の反転衝撃力がある。
③熱変位：さまざまな熱源が原因で発生する工作機械
　構造の変形や、テーブルなどの位置決め系に発生す
　る熱影響による構成部材の変位を意味する。
2．熱変異の基本特性を向上させるための基本原理
①外部熱源、外気温の影響を受けないようにする。こ
　のため工作機械に断熱対策を行う、もしくは工作機
　械を恒温室に設置する。
②内部熱源の影響を受けないようにする。工作機械の
　部品で熱を発するものに対し、冷却による熱除去対
　策を行う。
③機械構造体の温度を均一化し、熱影響による構造体
　の変形が起きない設計を行う。
④熱影響による機械の姿勢変位量を測定もしくは推算
　し、制御によって変位補正を行う。　　　　　以上

●裏面は使用しないで下さい。　●裏面に記載された解答は無効とします。　　　　24字×25行

2. 選択科目（Ⅱ－2）の解答例

(1) 機械設計

○ あなたは製品設計部のリーダとして仕事を進めてきた。今回、新製品開発プロジェクトメンバーに選ばれて、設計審査（design review）を通じて製品開発のマネジメントを遂行することになった。プロジェクトを進めるに当たり、下記の内容について記述せよ。　　　　　　　　　　　（R1－2）

(1) 全体的な製品開発の進め方に関して、調査、検討すべき事項とその内容について説明せよ。

(2) 製品設計部門で業務を進める手順について、留意すべき点、工夫を要する点を含めて述べよ。

(3) 業務を効率的、効果的に進めるための関係者との調整方策について述べよ。

令和元年度　技術士第二次試験答案用紙

受験番号	0 1 0 1 B 0 0 X X	技術部門	機　械 　　部門	※
問題番号	Ⅱ－2－2	選択科目	機械設計	
答案使用枚数	1 枚目　2 枚中	専門とする事項	設計工学	

○受験番号、問題番号、答案使用枚数、技術部門、選択科目及び専門とする事項の欄は必ず記入すること。
○解答欄の記入は、1マスにつき1文字とすること。（英数字及び図表を除く。）

1．製品開発において調査、検討すべき事項
　　製品開発は、社会から潜在的に要求される製品を製造するため、市場調査の結果に基づいて行われるが、多様化するユーザーのニーズを的確に把握して、顧客満足の観点から製品を開発し、製作することが重要である。また、適正な品質を確保するとともに開発工期や工数、コストの低減を図り、競争優位性および収益性を確保することも要求される。そのため、製品開発においては、設計、製造、流通、販売、回収、リサイクル化など、ライフサイクル全般にわたって要求される項目を検討する必要がある。
　　また、製品をタイムリーに投入するため、企画から詳細設計までの期間を短縮すること、および設計変更を少なくする必要がある。即ち、設計の迅速化と質の向上が製品開発において検討すべき事項となる。
2．製品設計部門で業務を進める手順
（1）要求される仕様の決定：
　　製品に要求される性能、構造、外観、操作性などの基本事項を決定する。留意点は、既に類似製品が市場に投入されている場合には、その製品の性能等を調査して、より高性能な仕様を追求する必要がある。
（2）基本設計：
　　基本設計では、性能、構造、操作性、製造方法、各部品の使用材質、外観などの多方面からの検討を実施する。留意点は、製品の性能特性が、設計仕様書、基

●裏面は使用しないで下さい。　　●裏面に記載された解答は無効とします。　　　　　24字×25行

令和元年度　技術士第二次試験答案用紙

受験番号	0101B00XX	技術部門	機　械　部門	※
問題番号	Ⅱ－2－2	選択科目	機械設計	
答案使用枚数	2枚目　2枚中	専門とする事項	設計工学	

○受験番号、問題番号、答案使用枚数、技術部門、選択科目及び専門とする事項の欄は必ず記入すること。
○解答欄の記入は、1マスにつき1文字とすること。（英数字及び図表を除く。）

本設計図面などに確実に記載されていることである。
　(3) 詳細設計：
　基本設計に基づいて、詳細な応力計算、解析、性能
予測、部品の製造方法・組立手順・方法を検討して、
詳細に各部品の製作図面や全体組立図面を作成する。
工程短縮の工夫として、コンカレント設計や三次元グ
ラフィックデータベースの運用システムを採用する。
　(4) 設計検証・審査：
　基本設計および詳細設計段階で作成された資料や図
面により、関係者による検証・審査を実施する。留意
点は、過去のトラブル事例を参考にして、性能評価、
構造評価、信頼性評価など、検討すべき項目をリスト
アップして具体的かつ定量的に実施する。
3．関係者との調整方策
　コスト競争力を向上するためには、多くの標準部品
の採用や使用する材質の最適化を図ることが重要とな
る。そのため、部品の種類や材質などについて、部品
や材料製造者からの最新の情報が欠かせないので、部
品や材料調達先との技術情報交換を日常的に行える体
制をとっておくことが大切である。
　製品が所定の仕様どおり製作されていない場合や、
製造上で欠陥が発生した場合には、不良品となる。良
い設計を実施しても、品質の良い製品の製作が可能で
あるかを製作・品質管理の担当者に確認を行い、製造
開始前の設計段階で調整しておく必要がある。以上

●裏面は使用しないで下さい。　●裏面に記載された解答は無効とします。

24字×25行

(2) 材料強度・信頼性

○ 長年使用した機械構造物の保守担当責任者として、構造強度的な観点から継続使用の可否を判断する場合、下記の内容について記述せよ。

(R1−1)

(1) 調査、検討すべき事項とその内容について説明せよ。

(2) 検討を進める業務手順について、留意すべき点、工夫を要する点を含めて述べよ。

(3) 業務を効率的、効果的に進めるための関係者との調整方策について述べよ。

令和元年度　技術士第二次試験答案用紙

受験番号	0 1 0 2 B 0 0 X X	技術部門	機　械 部門	※
問題番号	Ⅱ−2−1	選択科目	材料強度・信頼性	
答案使用枚数	1 枚目　2 枚中	専門とする事項	機械材料	

○受験番号、問題番号、答案使用枚数、技術部門、選択科目及び専門とする事項の欄は必ず記入すること。
○解答欄の記入は、1マスにつき1文字とすること。（英数字及び図表を除く。）

　　プラント用の圧力容器を対象として解答する。
1．調査、検討すべき事項
（1）腐食による減肉と残存板厚の確認
　　プラント装置の内部流体は、殆どの場合腐食性がある。そのため、長期使用後の内面腐食や雨水による外面腐食により、製造時の板厚から減少している可能性があるため、残存板厚を確認する。具体的には、定期点検時に超音波厚み計測により、板厚を測定する。
（2）表面および内部欠陥の確認
　　表面の凹凸欠陥があると疲労強度が低下する。また、製作時の溶接部の内部欠陥が運転中に進展した場合、耐圧強度の低下を招く恐れがある。そのため、これらの欠陥の有無や大きさを非破壊検査で確認する。
（3）材料強度の劣化状況の確認
　　高温で使用される機器は、長期使用後にクリープ強度の低下を招く恐れがある。そのため、製作時の強度を保持しているかを確認する。具体的には、レプリカ法による金属組織の確認や、定期補修時にサンプル材を切り出して、機械試験を実施する。
2．検討を進める業務手順
①残存板厚の測定結果から、設計条件に必要な板厚が確保されているか、強度計算を実施する。留意する点は、板厚測定結果の最小値を採用することである。
②非破壊検査による表面および内部欠陥が、規格で許容される範囲内にあるか検討する。許容範囲外の場

●裏面は使用しないで下さい。　●裏面に記載された解答は無効とします。　　　　24字×25行

令和元年度 技術士第二次試験答案用紙

受験番号	0 1 0 2 B 0 0 X X	技術部門	機 械 部門	※
問題番号	Ⅱ—2—1	選択科目	材料強度・信頼性	
答案使用枚数	2 枚目 2 枚中	専門とする事項	機械材料	

○受験番号、問題番号、答案使用枚数、技術部門、選択科目及び専門とする事項の欄は必ず記入すること。
○解答欄の記入は、1マスにつき1文字とすること。(英数字及び図表を除く。)

合、補修が可能であれば継続使用ができる。留意す
る点は、検査する部位や材質によって、最適な非破
壊検査の手法を選択することである。
③材料強度が、製作時と同等か、あるいはどの程度低
下しているのか、金属組織や機械試験から検討する。
切り出したサンプル材が小さい場合は、機械試験片
をサブサイズにする工夫が必要である。
④残存板厚の減少や材料強度の低下が認められた場合、
それらの条件により許容できる運転圧力と温度を強
度計算から確認する。それらが、運転上で許容可能
であれば、継続使用は可能となる。不可であれば継
続使用もできない。
3．関係者との調整方策
(1)プラント運転オーナーとの調整
　運転状況を把握している担当者に、腐食が最も発生
しやすい部位の情報を確認する。それにより部位を特
定して、重点的に板厚測定や非破壊検査を行う。
(2)非破壊検査の実施者との調整
　発生応力が大きくなるのは長手継手である。この継
手に欠陥が発生していないか、重点的に確認するため、
非破壊検査員と事前に調整や確認を行う。
(3)欠陥の溶接補修の実施者との調整
　表面や溶接継手に欠陥が発生した場合、溶接補修が
可能か否かの確認が必要となる。そのため、事前に補
修の可能性の可否を調整しておく必要がある。以上

●裏面は使用しないで下さい。　●裏面に記載された解答は無効とします。　　　24字×25行

(3) 機構ダイナミクス・制御

○ 交通機械、産業機械、情報機器、家電機器などの各種機械製品において、当該機械製品より火災が発生することは様々な問題を引き起こす。あなたが機械製品の開発責任者として業務を進めるに当たり、これらの機械製品からの火災発生リスクに関して、下記の内容について記述せよ。

(R1－2)

(1) 調査、検討すべき事項とその内容について説明せよ。

(2) 業務を進める手順について、留意・工夫を要する点を含めて述べよ。

(3) 業務を効率的、効果的に進めるための関係者との調整方策について述べよ。

令和元年度 技術士第二次試験答案用紙

受験番号	0103B00XX	技術部門	機 械 部門	※
問題番号	Ⅱ－2－2	選択科目	機構ダイナミクス・制御	
答案使用枚数	1枚目 2枚中	専門とする事項	物流機械	

○受験番号、問題番号、答案使用枚数、技術部門、選択科目及び専門とする事項の欄は必ず記入すること。
○解答欄の記入は、1マスにつき1文字とすること。(英数字及び図表を除く。)

1. 対象とする機械製品
　木質チップを製造する際に生木を粉砕した木質チップから水分を削減するために用いる乾燥機の開発責任者として火災発生リスクに関し以下の通り述べる。木質チップ乾燥に適用される乾燥機にはいくつかの種類があるが、ここでは熱風を直接横型U字トラフ型ケーシング内に吹き込み、ケーシングの軸（長手）方向中心に乾燥物を撹拌し乾燥効率を上げるための、回転パドルがついている「パドル式乾燥機」を例に挙げる。
2. 調査、検討すべき事項とその内容
　まず開発対象の乾燥機から火災発生の原因となる事項をすべて抽出する。このとき、乾燥機を構成するすべての部品、運転する際に乾燥機に導入されるすべての物質を対象項目として挙げることが重要である。
　次に、抽出した部品、物質が乾燥機の運転時に発火や火災に至る可能性があるかどうか、対象物ごとに運転環境条件を洗い出し、発火や火災による影響度と発生頻度を同定する。
　上記リスク同定が整理された後、対象物ごとに火災リスク低減対策を検討し、設計に反映すべき対策内容を抽出する。最後に、抽出した対策内容をどのような形で製品に具現化していくかを検討する。
3. 業務を進める手順について留意・工夫を要する点
　抽出した部品、物質に対する火災リスクを検討する際は、通常の運転条件や設計条件のみならず、想定し

●裏面は使用しないで下さい。　●裏面に記載された解答は無効とします。　　24字×25行

令和元年度　技術士第二次試験答案用紙

受験番号	0 1 0 3 B 0 0 X X	技術部門	機　械　部門	※
問題番号	Ⅱ−2−2	選択科目	機構ダイナミクス・制御	
答案使用枚数	2 枚目　2 枚中	専門とする事項	物流機械	

○受験番号、問題番号、答案使用枚数、技術部門、選択科目及び専門とする事項の欄は必ず記入すること。
○解答欄の記入は、1マスにつき1文字とすること。（英数字及び図表を除く。）

うるすべての異常状態での環境を想定する必要がある。例えば、回転軸を支持するベアリングの故障による異常加熱や、乾燥熱媒ガスの異常高温などがあげられる。また、火災リスク低減対策を検討する際は、それぞれ抽出したリスクの発生による影響度や頻度に応じて、対策の費用対効果も指標の一つとして考慮する必要がある。乾燥機として、火災発生リスクを低減させるための全体最適化が重要である。

4．関係者との調整方策

　火災発生リスクを検討する際は、抽出した部品や物質の仕様と物性を詳細に知る必要がある。特に乾燥機を構成する自社製品以外の部品や材料については、部品・材料製造者からの情報が欠かせない。このため、部品・材料調達先との技術情報交換を日常的に行える体制をとっておくことが大切である。

　一方、乾燥機がどのような条件で運転されるかを知るうえで、乾燥機ユーザーとの技術情報共有も重要である。通常運転時の周囲環境や運転条件、さらには機器の異常状態発生や故障の内容も、重要な情報として乾燥機ユーザーからフィードバックを受けることで、火災発生につながる事象をリスク項目として抽出することができる。

　上記で得た情報は関連するすべての分野の設計部門と共有し、複合的な視点でリスク低減を図ることで製品の安全設計を効果的に行うことができる。　　　以上

●裏面は使用しないで下さい。　●裏面に記載された解答は無効とします。　　　24字×25行

(4) 流体機器

○　ある海外発展途上国の閑静な観光地近くで使われる流体機器の更新において、現行機よりも大幅な静粛化が要求されている。現在稼働中の流体機器の騒音は、流体力学的な要因で発生していると考えられるが、その流体機器の流体力学的発生源は特定されていない。あなたが、その流体機器更新の担当責任者として、流体力学的騒音発生源の特定とその対策及び現地検証試験を進めるに当たり、対象とする流体機器を挙げ、下記の内容について記述せよ。機械力学的騒音発生源は考えなくてよい。　　（R1－1）

(1) 対象とする流体機器について簡潔に説明するとともに、調査、検討すべき事項とその内容について説明せよ。

(2) 業務を進める手順について、留意するべき点、工夫を要する点を含めて述べよ。

(3) 業務を効率的、効果的に進めるための関係者との調整方策について述べよ。

令和元年度　技術士第二次試験答案用紙

受験番号	0 1 0 5 B 0 0 X X	技術部門	機　械　部門	
問題番号	Ⅱ−2−1	選択科目	流体機器	※
答案使用枚数	1 枚目　2 枚中	専門とする事項	ポンプ	

○受験番号、問題番号、答案使用枚数、技術部門、選択科目及び専門とする事項の欄は必ず記入すること。
○解答欄の記入は、1マスにつき1文字とすること。（英数字及び図表を除く。）

1．遠心ポンプの騒音発生原因
　遠心ポンプの流体力学的な騒音発生原因として、①低流量域などポンプ内の不安体流動（旋回失速、サージング、リサーキュレーション等）、②キャビテーション、③水撃、④ベーンパッシングによる騒音発生、⑤流路・隙間などの形状に起因した渦励起振動、⑥ポンプ近傍の流体機器（バルブ等）の騒音などがある。

2．調査、検討すべき事項
　騒音源を調査・検討するためには、①騒音計測（ポンプ近傍）を行い騒音発生レベルと卓越周波数を把握する、②振動計測（ポンプ及び配管）を行い発生している騒音との関係を把握する、③脈動計測（ポンプ及び配管）を行いポンプ及び配管内部の圧力変動と騒音との関係を把握する、④音響・脈動解析（ポンプ及び配管）を行い発生する騒音と関連する音響共振（配管全系及び枝管）が発生する可能性のある箇所を検討する、などを実施する。合わせて、どのような運転でどのような特徴の騒音が発生するのか調査・整理する。

3．業務を進める手順
　最初に騒音計測を行い、騒音発生の特徴と運転との関連を把握することが重要である。特定の卓越周波数成分が存在する場合は、その周波数が発生する可能性のある要因（ベーンパッシング、配管全系、枝管音響共振等）を洗い出し、個々の要因に対して可能性があるかどうか検討する。騒音発生が広域帯である場合は、

●裏面は使用しないで下さい。　●裏面に記載された解答は無効とします。　　　　24字×25行

令和元年度　技術士第二次試験答案用紙

受験番号	0105B00XX	技術部門	機　械　部門	※
問題番号	Ⅱ－2－1	選択科目	流体機器	
答案使用枚数	2 枚目　2 枚中	専門とする事項	ポンプ	

○受験番号、問題番号、答案使用枚数、技術部門、選択科目及び専門とする事項の欄は必ず記入すること。
○解答欄の記入は、1マスにつき1文字とすること。(英数字及び図表を除く。)

乱流・衝撃波など高速流に起因した騒音発生と考えられるので、ポンプ及び配管系において流速の速い箇所に焦点を当てて調査・検討を進める。また、音響インテンシティ計測を行い、騒音発生箇所を特定する方法が効果的な場合もある。騒音に卓越周波数が存在する場合は、振動・脈動計測に加えて、音響・脈動解析を行い、音響共振が発生する可能性のある箇所を洗い出して、騒音発生機構を検討することが原因特定には有効である。これらの調査・検討で十分に騒音発生源が特定できない場合は、可能性のある複数の騒音発生源に対し試験的に対策を実施し、対策による騒音発生状況の変化から騒音発生源の特定を進める。
4．関係者との調整方策
　検証では特に運転との関係が重要となるので、装置の運転管理担当者と、調査のためにどのような運転が可能であるのか打合せを行い、調整する必要がある。また、調査の目的や難しさなどを運転管理担当者に説明して、それらを共有することにより、好意的な協力関係を築くことも重要である。併せて、計測機器の設置、計測方法、調査時の安全対策などについても綿密な打合せを行い、調査の目的や方法を関係者に十分理解してもらうと、効率的・効果的な調査が進められる。加えて、調査・検討の計画、課題、うまくいかなかった場合の追加の調査・検討案などをまとめ、関係部署の十分な理解を得ることも重要である。　　　　以上

●裏面は使用しないで下さい。　●裏面に記載された解答は無効とします。　　　　24字×25行

3. 選択科目（Ⅲ）の解答例

（1）機構ダイナミクス・制御

○　コンピュータ・ソフトウェアと機械が融合したシステムの高度化が進行している。その一形態として、自動車、鉄道、ロボットなどでは、人と協働して動作する協働システムが活用されている。しかしながら、これらの協働システムでは、人間がシステム内に介在するという基本構成のために、安全性の面で様々なリスクが想定される。このような背景を考慮して、次の各問に答えよ。　　　　　　　　　　　　　　　　　　　　（R1－2）

(1) 人間がシステム内に介在して動作する協働システムの安全性について、技術者としての立場で多面的な観点から複数の課題を抽出し分析せよ。

(2) 抽出した課題のうち最も重要と考える課題を1つ挙げ、その課題に対する解決策を3つ示せ。

(3) 解決策に共通して新たに生じるリスクとそれへの対策について述べよ。

令和元年度 技術士第二次試験答案用紙

受験番号	0 1 0 3 B 0 0 X X	技術部門	機 械 部門	※
問題番号	Ⅲ－2	選択科目	機構ダイナミクス・制御	
答案使用枚数	1 枚目 3 枚中	専門とする事項	物流機械	

○受験番号、問題番号、答案使用枚数、技術部門、選択科目及び専門とする事項の欄は必ず記入すること。
○解答欄の記入は、1マスにつき1文字とすること。(英数字及び図表を除く。)

1．人と機械の協働システムの安全性
　人との協働システムの安全性に関しては、次のような課題がある。
（1）機械ハード面での課題
　機械において絶対安全はありえない。そのため、さまざまなデバイスや機構を用いて、これまでにも安全性を高める手法が開発されてきている。具体的には、故障確率を考慮した冗長化やフェールセーフなどの信頼性向上手法が活用されてきている。また、経年劣化などの対策として、予防保全などの保全技術も広く用いられている。しかし、現実には、不具合や想定外の事象による問題が生じている。安全性を高めるために活用されているセンサに関しても、誤動作や不作動による問題点も顕在化してきている。また、冗長化や安全対策を講じた場合には、費用が増加するため、経済性の観点で課題が生じる。
（2）ソフト面での課題
　最近では、ソフトウェアで動作する機械が増えてきているが、ソフトウェアの開発時に検討していなかった事象によって誤った動作が行われたり、動作が不能になるなどの問題が生じている。また、使用者にソフトウェアの詳細が開示されていないため、ブラックボックス化による弊害も生じてきている。さらに、人工知能の発達により、ディープラーニングの活用も進んできているため、利用者がその根拠を知ることなく、

●裏面は使用しないで下さい。　●裏面に記載された解答は無効とします。　　　　24字×25行

令和元年度　技術士第二次試験答案用紙

受験番号	0 1 0 3 B 0 0 X X	技術部門	機　械 部門	※
問題番号	Ⅲ−2	選択科目	機構ダイナミクス・制御	
答案使用枚数	2 枚目 3 枚中	専門とする事項	物流機械	

○受験番号、問題番号、答案使用枚数、技術部門、選択科目及び専門とする事項の欄は必ず記入すること。
○解答欄の記入は、1マスにつき1文字とすること。（英数字及び図表を除く。）

機械が進歩していく状況も発生しており、不具合時の
適切な対応が難しくなってきている。
（3）人の面での課題
　人の感性はするどく、センサなどの判断と比べると
正確な判断が行われる場合も少なくない。しかし、健
康状態や精神状態などのメンタルな面や、高齢化など
の年齢による判断力の低下などの変化が大きいため、
さまざまな弊害が生じてきている。特に、機械やシス
テムの判断と人間の判断が違った場合の対応について
は、難しい選択が生じる危険性がある。また、その際
の判断によって問題が生じた場合の責任の所在が常に
問題視される。
2．最も重要と考える課題
　1項で示した課題のうち最も重要と考える課題とし
ては、人間側の判断と機械側の判断が違った場合の対
応がある。両者の判断が食い違った場合に、どちらの
判断を優先するかは大きな課題であり、判断が短時間
に行われなければならないような機械の場合には、事
前にそれらを決定しておく必要がある。しかし、人間
側の不安定さを考慮すると、重要な判断のすべてを人
間に委ねることが適切とは限らない。
3．課題に対する解決策
　課題に対する解決策として、次の3点がある。
（1）機械優先度の限度設定
　通常の動作状態にある場合には、機械の自動判断を

●裏面は使用しないで下さい。　●裏面に記載された解答は無効とします。　　　　　24字×25行

令和元年度　技術士第二次試験答案用紙

受験番号	0 1 0 3 B 0 0 X X	技術部門	機 械 部門	※
問題番号	Ⅲ—2	選択科目	機構ダイナミクス・制御	
答案使用枚数	3 枚目 3 枚中	専門とする事項	物流機械	

○受験番号、問題番号、答案使用枚数、技術部門、選択科目及び専門とする事項の欄は必ず記入すること。
○解答欄の記入は、1マスにつき1文字とすること。(英数字及び図表を除く。)

優先させておき、さまざまなセンサ情報が入力された場合には、機械から人へ判断を委譲する旨のアラームを出し、人への注意喚起を行う機能を設ける。
(2)人への判断委譲機能の設定
　人が判断するべきと考えた場合には、機械の自動判断を強制的に停止して、人の判断基準による動作を優先させるスイッチ等を設ける
(3)法制度による解決策
　最終的に、事故が防げない場合は残るので、そういった場合を考慮して法整備を充実させる。
4．解決策に共通して新たに生じるリスク
　機械やシステム側での対応をいかに深めても、悪意を持った人や組織の意図的な安全性の喪失に対しては、完全な防御はできない。また、自然災害などの事象によって生じる問題に関しては、事前に想定することが難しいものも多く、機械や人の判断が及ばない事象が生じることは避けられない。
5．リスクへの対策
　意図的な攻撃については、ソフトウェアを用いる製品全般に関することであるので、そういったリスクに対しては、国としての統一的な対策が欠かせない。それを実現するための強力な対策組織の創設が求められる。また、自然災害などに関しては、被害者を救済できる新たな保険制度や社会制度の創設なども不可欠であると考える。　　　　　　　　　　　　　　　　以上

●裏面は使用しないで下さい。　●裏面に記載された解答は無効とします。　　　24字×25行

(2) 熱・動力エネルギー機器

○　2018年7月に発表された第5次エネルギー基本計画では、将来的な脱炭素化に向けた2050年エネルギーシナリオとともに、2030年エネルギーミックスの確実な実現を目指すことが示されている。この2030年度目標である、2013年度比で温室効果ガス26％削減の実現に対しては、インフラや設備更新のタイミング、実用化から普及までに要する期間を考慮した上で、現実的で実効性のある対応が重要である。このような状況を考慮して、エネルギー機器に関する技術者として、以下の問いに答えよ。

（R1－2）

(1) 2030年度目標の実現のために重要と考える技術分野を1つ挙げ、技術者としての立場で多面的な観点から課題を抽出し分析せよ。

(2) 抽出した課題のうち最も重要と考える課題を1つ挙げ、その課題に対する複数の解決策を示せ。

(3) 解決策に共通して新たに生じうるリスクとそれへの対策について述べよ。

令和元年度 技術士第二次試験答案用紙

受験番号	0 1 0 4 B 0 0 X X	技術部門	機 械 部門	※
問題番号	Ⅲ－2	選択科目	熱・動力エネルギー機器	
答案使用枚数	1 枚目 3 枚中	専門とする事項	冷凍機械	

○受験番号、問題番号、答案使用枚数、技術部門、選択科目及び専門とする事項の欄は必ず記入すること。
○解答欄の記入は、1マスにつき1文字とすること。（英数字及び図表を除く。）

1. 2030年度目標の実現に重要と考える技術分野
　　2030年度の温室効果ガス削減目標を達成するためには、発電部門だけではなく、運輸部門、産業部門においてもさらなる脱炭素化を実現していく必要がある。そのために、二次エネルギーとして水素を活用していく方法があるが、次のような課題がある。
（1）水素供給体制の整備
　　我が国での運輸部門による二酸化炭素排出量は、全体の18％程度と大きい。それを燃料電池車によって削減するためには、水素ステーションなどのインフラの整備が必要となるが、水素ステーション新設における費用負担の課題がある。
（2）燃料電池導入とエネルギーマネジメント
　　事業所や家庭に燃料電池を導入するためには、初期費用の負担軽減措置が必要となる。また、余剰電力や電気とともに生み出される熱の利用などを含めて、エネルギーマネジメントシステムの導入を図り、無駄を生み出さないような施設再整備が必要となってくる。
（3）水素生産・輸入体制の整備
　　水素発電の導入も含めて、水素の活用が進むと、国内での再生可能エネルギーによる水素の生産だけでは需要をまかなえないのは確実である。そのため、海外で生産された水素を輸入して国内に流通させる仕組みが求められるので、水素の液化技術の開発や流通インフラの整備等が必要となってくる。

●裏面は使用しないで下さい。　●裏面に記載された解答は無効とします。　　　　24字×25行

令和元年度　技術士第二次試験答案用紙

受験番号	0 1 0 4 B 0 0 X X	技術部門	機　械　部門	※
問題番号	Ⅲ—2	選択科目	熱・動力エネルギー機器	
答案使用枚数	2 枚目 3 枚中	専門とする事項	冷凍機械	

○受験番号、問題番号、答案使用枚数、技術部門、選択科目及び専門とする事項の欄は必ず記入すること。
○解答欄の記入は、1マスにつき1文字とすること。（英数字及び図表を除く。）

2．最も重要と考える課題とその解決策
　水素社会が実現していくと多量の水素の需要が発生する結果となる。二酸化炭素を排出しないエネルギー源で水素を生産すると、我が国における再生可能エネルギーだけでは賄えないだけでなく、再生可能エネルギーで発生させた電気は直接利用するのが効率的であある。そのため、海外で生産した水素の輸入体制が欠かせない。その解決策として次のものがある。
（1）水素液化技術の確立
　海に囲まれた我が国に水素を気体のまま輸送するのは効率が悪いので、液化する技術が必要となる。そのため、安価で効率的に液化し、国内で気化して利用する技術の開発が必要である。
（2）安価な水素製造プラントの開発
　海外で大規模な再生可能エネルギー発電プラントを作り、そこで発生した電気で空気の電気分解を行い、水素を製造する設備が必要になる。その費用は水素原価に影響を与えるため、廉価なプラント設備及び建設技術の確立が必要である。
（3）水素輸送時のコスト低減
　水素を輸送するためには船舶を用いるが、新たに専用の船舶を設計・製造したのでは価格が高くなるので、既存の船舶を活用できるようにする必要がある。また、輸送時に船舶が消費するエネルギーを低減するための方策を講じる必要がある。

●裏面は使用しないで下さい。　●裏面に記載された解答は無効とします。

24字×25行

令和元年度　技術士第二次試験答案用紙

受験番号	0 1 0 4 B 0 0 X X	技術部門	**機 械** 部門	※
問題番号	Ⅲ－2	選択科目	**熱・動力エネルギー機器**	
答案使用枚数	3 枚目　3 枚中	専門とする事項	**冷凍機械**	

○受験番号、問題番号、答案使用枚数、技術部門、選択科目及び専門とする事項の欄は必ず記入すること。
○解答欄の記入は、1マスにつき1文字とすること。(英数字及び図表を除く。)

3．解決策に共通して新たに生じうるリスク
　　海外で生産した水素を輸入する場合には、現在の石
油などの化石エネルギーと同様の地政学リスクなどの
リスクが発生しないように、プラントの立地を計画す
る必要がある。また、不測の事態が発生した場合にお
いても、一定期間の水素を国内で供給できるよう備蓄
する必要がある。さらに、立地国の政策や為替等の影
響により、輸入価格が高騰することがないような国同
士の協定や、プラント共同所有、契約内容の整備も必
要となる。
4．リスクへの対策
　　立地的には、地政学リスクが少なく、再生可能エネ
ルギーが大量かつ安価に製造でき、輸送コストが安く
なるように、我が国からの距離が短い場所を計画地と
する必要がある。しかし、立地が偏ると特定国への依
存度が上がるため、ある程度費用がかかっても地域的
に分散した計画が求められる。
　　さらに、国内備蓄の面を考慮すると、従来の石油備
蓄基地やガソリンスタンドが有効に活用できる液化手
法を採用することが望ましい。また、価格を下げると
ともに、リスクを低減するためには、国内エネルギー
資源の少ない国との技術共有政策も必要となる。具体
的には、同様の液化技術を使って、製造・建設費用の
低減を図るとともに、有事の際には水素を融通し合え
る体制を作ることも必要である。　　　　　　　以上

●裏面は使用しないで下さい。　　●裏面に記載された解答は無効とします。　　　　24字×25行

（3）加工・生産システム・産業機械

○　「ものづくり」の革新的な高効率化を実現するとともに、新たなビジネスモデルを創出し、これまでにない製品を生み出そうとする第4次産業革命を実現するための取り組みが世界中で行われている。この中で、共通して取り組まれているのは、「ものづくり」のデジタル化とIoT（Internet of Things）の有効活用である。この「ものづくり」のデジタル化に関連して、以下の問いに答えよ。　　　　　　　　　　　　　　　　　　　　（R1－1）

(1)「ものづくり」とは、単なる製造プロセスを指すものではないことを具体的に説明せよ。さらに、その「ものづくり」の1プロセスである製造プロセスのデジタル化における課題を多面的な観点から3つ以上抽出し、分析せよ。

(2) 抽出した課題のうち、最も重要と考えるものを1つ挙げ、その課題に対する複数の解決策を示せ。

(3) デジタル化における課題に対する解決策に共通して新たに生ずるリスクを2つ以上挙げて、それへの対策について述べよ。

令和元年度　技術士第二次試験答案用紙

受験番号	0106B00XX	技術部門	機 械 部門	※
問題番号	Ⅲ－1	選択科目	加工・生産システム・産業機械	
答案使用枚数	1 枚目　3 枚中	専門とする事項	工場計画	

○受験番号、問題番号、答案使用枚数、技術部門、選択科目及び専門とする事項の欄は必ず記入すること。
○解答欄の記入は、1マスにつき1文字とすること。（英数字及び図表を除く。）

1．「ものづくり」とは
　コンシューマ向け工業製品を例に説明する。製造プロセス以外の過程としては、製品を構成する材料や部品の製造と流通から、製造した製品の販売のための流通までが挙げられる。さらに製品によっては回収・再生までを含んだ「バリューチェーン」も「ものづくり」の一部として考える必要がある。また、製品製造にかかわる全体のシステムに対する「経営管理」も「ものづくり」に欠かせない要素であり、「製造プロセス」だけが「ものづくり」のすべてではない。
2．製造プロセスのデジタル化における課題
（1）データ選定の課題
　製造プロセスをデジタル化する際、単に取得可能なデータを最大限集めれば良いわけではない。製造プロセスをどのような姿にしていくか、その目的達成のために必要なデータは何であるかを十分検討し、収集すべきデータを選定する必要がある。
（2）収集手法の課題
　集めるべきデータは一律な濃度（時間間隔やデータ内容の深さ）で行えば良いわけではない。収集するデータの用途から集め方を事前に検討する必要がある。データ収集の時間的スパンや時間遅れの有無、収集すべきタイミングを分析・検討し、適切なデータ収集方法やタイミングを決定する必要がある。
（3）分析・処理の課題

●裏面は使用しないで下さい。　●裏面に記載された解答は無効とします。　24字×25行

令和元年度　技術士第二次試験答案用紙

受験番号	0106B00XX	技術部門	**機　械** 部門	※
問題番号	Ⅲ—1	選択科目	加工・生産システム・産業機械	
答案使用枚数	2 枚目 3 枚中	専門とする事項	工場計画	

○受験番号、問題番号、答案使用枚数、技術部門、選択科目及び専門とする事項の欄は必ず記入すること。
○解答欄の記入は、1マスにつき1文字とすること。（英数字及び図表を除く。）

　収集したデータは集めただけでは役に立たない。ど
のデータをどのように処理し分析し、活用すべきか、
目的達成のために必要な分析方法やデータの処理や加
工の方法を十分に検討しておく必要がある。
3．データ選定の課題の解決策
　製造プロセスのデジタル化に当たり、観測できるデ
バイスで取得可能なデータをすべて取るという考え方
は誤りである。取得すべきデータを選定するに当たっ
ては、まず現状の製造プロセス設計における問題発生
箇所や将来ネックとなる箇所を特定する。次にネック
となるポイントを観測し、対処していくために必要な
データは何なのかを事前に十分検討する。その上で必
要なデータを特定することが重要である。
　例えば、ベルトコンベア上を連続して流れる工業製
品では、製造工程の作業や作業の基準点確認（認識）、
作業前後の検査などの製造プロセス中のすべての作業
項目から、時間的、品質的なネック部分の抽出や分析
を行う。次にネックとなっているプロセスを監視する
ために必要なデータを特定する。そのうえで当該デー
タを収集するためのシステム設計を行う。
4．新たに生ずるリスクとそれへの対策
　デジタル化による製造プロセスの見える化は、製造
に関係する誰もが製造プロセスの状況をリアルタイム
で共有できるメリットがある。一方、次のようなリス
クがあるが、その対策を合わせて示す。

●裏面は使用しないで下さい。　●裏面に記載された解答は無効とします。　　　　24字×25行

令和元年度　技術士第二次試験答案用紙

受験番号	0 1 0 6 B 0 0 X X	技術部門	機 械　部門	※
問題番号	Ⅲ－1	選択科目	加工・生産システム・産業機械	
答案使用枚数	3 枚目　3 枚中	専門とする事項	工場計画	

○受験番号、問題番号、答案使用枚数、技術部門、選択科目及び専門とする事項の欄は必ず記入すること。
○解答欄の記入は、1マスにつき1文字とすること。(英数字及び図表を除く。)

（1）悪意のある第三者によるデータ漏えいリスク
　悪意のある第三者に製造プロセスの設備や運転状況を盗み取られるリスクを有する。
　データ漏洩のリスクに対しては、クラウドサーバを使用する際に無線を使ったデータ転送中にデータがリークしても、第三者が使えないような暗号化の手法がある。また、データを蓄積するサーバへの侵入に対しては、十分なセキュリティ対策（不審侵入に対するブロック機能）を施すことでリスクを軽減できる。
（2）ブラックボックス化によるリスク
　デジタル化によるブラックボックス化は、人間が製造プロセスの内容を把握しきれない状況を発生させるリスクを生じる。また、製造プロセスをシステムが監視し、最適な対処を自動で行うことになる。このため、製造プロセスの運転や保守技術を後進の世代に教える機会がなくなる、もしくは教えることができなくなり、後継者育成の機会を喪失するリスクがある。
　対策として、同じシステムを使ったシミュレータ（仮想製造プロセス）を導入し、日ごろからオペレータの訓練を行う方法が挙げられる。シミュレータは、現実には不可能な事故に至るプロセスも仮想的に作ることができる。さらにシミュレータに教科書的な知識ベースを備えることにより、設備のマニュアルとしてのみならず、後継技術者への技術伝承、人材育成のツールとしても使うことができる。　　　　　以上

●裏面は使用しないで下さい。　●裏面に記載された解答は無効とします。　　　　24字×25行

4. 必須科目（Ⅰ）の解答例

○　持続可能な社会実現に近年多くの関心が寄せられている。例えば、2015年に開催された国連サミットにおいては、2030年までの国際目標SDGs（持続可能な開発目標）が提唱されている。このような社会の状況を考慮して、以下の問いに答えよ。 (R1－2)

(1) 持続可能な社会実現のための機械機器・装置のものづくりに向けて、あなたの専門分野だけでなく機械技術全体を総括する立場で、多面的な観点から複数の課題を抽出し分析せよ。

(2) 抽出した課題のうち最も重要と考える課題を1つ挙げ、その課題に対する解決策を具体的に3つ示せ。

(3) 解決策に共通して新たに生じるリスクとそれへの対策について述べよ。

(4) 業務遂行において必要な要件を機械技術者としての倫理の観点から述べよ。

令和元年度　技術士第二次試験答案用紙

受験番号	0101B00XX	技術部門	機　械 　部門	※
問題番号	I－2	選択科目	機械設計	
答案使用枚数	1 枚目　3 枚中	専門とする事項	設計工学	

○受験番号、問題番号、答案使用枚数、技術部門、選択科目及び専門とする事項の欄は必ず記入すること。
○解答欄の記入は、1マスにつき1文字とすること。(英数字及び図表を除く。)

1．持続可能な社会実現のための課題
　資源を輸入し工業製品を製作して輸出することにより経済が成り立っている我が国では、ものづくりを継続することが求められている。そのため、次のような課題に立ち向かう必要がある。
(1)国際競争力からみた課題
　国を超えて持続的にものづくりを継続していくためには、製品が国際競争力を保つことが求められる。国際競争力は、社会が求める利便性の良い製品をより低価格で供給することで決定される。また、生産性の向上や安価な人件費や原料価格によって価格競争力の強さが発揮される。
(2)技術伝承・人材育成からみた課題
　ものづくりの熟練経験者が引退していくなか、次世代の若手に技術をどのように継承していくかが課題である。加えて、理科離れにより後継者が不足していることも問題となっている。技術継承問題に起因する不具合の発生や、安全意識の喪失による事故の発生などに、どのように対応していくか検討する必要がある。
(3)新技術開発の観点からみた課題
　SDGsの優先課題と具体的施策で挙げられた項目を見ると、これらの解決には新しい目線での技術開発が必要になることが分かる。具体的には、革新的・先進的なエネルギー技術、地球環境対応技術、高齢化社会への対応技術、などの新技術開発が必要となっている。

●裏面は使用しないで下さい。　●裏面に記載された解答は無効とします。　　　　　24字×25行

令和元年度　技術士第二次試験答案用紙

受験番号	0 1 0 1 B 0 0 X X	技術部門	機　械　部門	※
問題番号	I－2	選択科目	機械設計	
答案使用枚数	2 枚目 3 枚中	専門とする事項	設計工学	

○受験番号、問題番号、答案使用枚数、技術部門、選択科目及び専門とする事項の欄は必ず記入すること。
○解答欄の記入は、1マスにつき1文字とすること。（英数字及び図表を除く。）

２．最も重要と考える課題とその課題への解決策
　機械技術者に求められる重要な課題としては、国際競争力からみた課題の解決がある。その解決策として次のようなものが考えられる。
（1）他国より優れた高付加価値製品の供給
　SDGsの課題が求める製品について国際市場調査を行い、他国の製品より性能、品質、デザイン性、信頼性などが、より優れた製品を供給する。また、IoT、ビッグデータ、人工知能などを活用して、運転支援システムなどの技術やサービスを付加した製品を開発する。あるいは、「多品種少量生産に対応できる」や「短納期に対応できる」ということも国際競争力につながる。
（2）高齢化社会に対応する製品の開発
　我が国は、高齢化、労働人口減少、人手不足の問題を世界でもいち早く経験した。それに対応する介護機器やロボット医療機器などのロボットニーズ先進国でもある。「ニーズに応えたものづくり」という得意路線を進んでいけば、ロボット技術の進化や普及をもたらすだけではなく、SDGs課題の改善になると考える。
（3）国際標準化への取組
　製品のグローバル化や、製品の国際競争力の向上の観点からも、使用する国でものづくりをすることが重要となる。そのためには、ものづくりを、国際標準化の規格に従って行う必要がある。特に、使用する材料や標準部品の国際標準化を推進して、競争力を高める。

●裏面は使用しないで下さい。　●裏面に記載された解答は無効とします。　　　　24字×25行

令和元年度 技術士第二次試験答案用紙

受験番号	0101B00XX	技術部門	機 械 部門	※
問題番号	I-2	選択科目	機械設計	
答案使用枚数	3枚目 3枚中	専門とする事項	設計工学	

○受験番号、問題番号、答案使用枚数、技術部門、選択科目及び専門とする事項の欄は必ず記入すること。
○解答欄の記入は、1マスにつき1文字とすること。（英数字及び図表を除く。）

3．解決策に共通して新たに生じるリスク
　新製品を国際市場に投入すると、第三国がより安価なコピー商品を製作して販売するリスクがある。また、新しい機器やシステムの操作に自信がない人から敬遠されるというリスクがある。加えて、開発者が想定しなかった操作を行い、想定外のリスクが生じる可能性がある。また、悪意を持った者が、故意に危険を発生させるようなリスクも考えられる。
4．リスクへの対策
　コピー商品には、国際特許を取得して対応する。後者のリスク対策は、信頼性技術やシステム安全工学的な見地からの手法が開発され実行されてきているので、このような技術を活用していく。また、情報セキュリティの観点も含めて、リスクマネジメントを実施して徹底した検証を行う。最終的には危機管理の手法も習得して、技術者としての知識と経験をフル活用して業務を遂行できるよう、技術力を高めていく必要がある。
5．業務遂行において必要な要件
　技術は日々進歩しているため、リスクについても新たな事象が生まれている。そのため、常に新しい知識を身につけ、それを反映した改良を続けていく必要がある。それでも、リスクが発現する可能性はゼロにはできないので、リスク発現時には適切なリスクコミュニケーションが実施できる技術者として、倫理観や社会的責任を果たす姿勢が求められる。　　　　　以上

●裏面は使用しないで下さい。　●裏面に記載された解答は無効とします。　　　24字×25行

お　わ　り　に

　私がはじめて技術士試験機械部門の受験参考書を出版したのは、平成19年度に試験制度が大幅に変更となり、その年の第二次試験受験者向けに「対策と問題予想」に関する内容を紹介したものでした。

　その後も幾つかの受験参考書を出版しましたが、平成25年度の試験制度の大幅な改正により、第二次試験に択一式問題が導入されたことに対応して、機械部門の「択一式問題150選」と「対策と問題予想　第2版」を平成25年に出版しました。その後もこれらの改訂本を出版してきました。このように、試験制度の大幅な改正に伴い、継続して改訂版の出版ができることは、受験者の皆さま方からのご支援のお陰と大変感謝しております。

　これらの執筆に当たっては、受験者の方々に対して、技術士試験合格に向けた勉強に役立つ情報を記載する責務がある、という点を常に考えて原稿を作成しています。

　このたび、令和元年度に試験制度の大幅な改訂がなされましたので、「はじめに」でも記載したように、「試験問題100本ノック方式」として、各選択科目で100問となることを主目的とした書籍にしました。

　技術士第二次試験を受験する方は、単なる知識のみでは不十分で、日頃の業務で直面する問題点や課題に対応する応用能力、問題解決能力が求められます。このような能力を研鑽するためには、より多くの想定場面を考えて、受験者が自分なりの問題点や課題を見つけ出すことが必要となります。そういった意味合いからも、本書に取り上げた想定問題で解答練習することは有意義であると考えます。

　なお、解答練習する場合には、最初はパソコンで打ち込んで作成するのも良いですが、最終的には、技術士第二次試験の本試験で使用される答案用紙を使って手書きで書いてみてください。それによって、手書きの時間配分がわかると思います。また、答案を作成したら、先輩技術士の方に添削していただく

のが合格の早道になります。そのような先輩がいない場合には、受験添削講座を利用するのも合格の早道になると思います。

　私は、社会人となった方が、業務多忙の中でいかにして自分の専門技術を向上させていくかを考える場合、技術士という目標に向かって勉強するのが一番であると考えています。その理由は、技術士は国家資格として最高のレベルにあること、また簡単には合格できないからです。難しいから真剣に勉強しなければなりませんし、合格するためには、工学の基礎、専門知識と応用能力および経験が要求されるからです。これは、日頃の業務にも必要な条件であり、日頃から勉強する習慣を養うためにも最適であると考えています。

　また、技術士第二次試験合格に向けての勉強は、資格取得だけではなく日頃の業務にも役に立ちます。例えば、顧客向けのプレゼン資料や技術的な見解書の作成などです。企業に勤務されている方で、これらの資料を作成した経験がない方はいないと思います。日頃こういった資料を作成する機会が少ない方は、技術士の受験勉強をすることで技術的な資料作成のポイントを体得できると思います。このことは、将来にわたって技術者としての道を歩むためには、大変有効であると考えます。その意味からも、技術士試験の受験にチャレンジすることをお勧めします。

　これからも技術士への期待はますます高まっていくと思いますが、機械部門の技術士が一人でも多く誕生して、科学技術の向上を図り、安全で安心のできる社会づくりや経済の発展に貢献していってもらえればと願っています。本著が、これから受験を目指す方々の参考になれば、筆者としてこれ以上の喜びはありません。

　最後になりますが、本著の執筆の機会を与えていただいた日刊工業新聞社出版局の鈴木徹氏、監著者の福田遵氏、および執筆のご協力をしていただいた千代田技術士会の井土久雄氏と上田毅氏には心からの感謝の意を表します。

　2019年12月

　　　　　　　　　　　　　　　　　　　　　　大原　良友

著者紹介——

【監著者】

福田　遵（ふくだ　じゅん）

　技術士（総合技術監理部門、電気電子部門）

　1979年3月東京工業大学工学部電気・電子工学科卒業

　同年4月千代田化工建設(株) 入社

　2002年10月アマノ(株) 入社

　2013年4月アマノメンテナンスエンジニアリング(株) 副社長

　公益社団法人日本技術士会青年技術士懇談会代表幹事、企業内技術士委員会委員、神奈川県支部修習技術者支援委員会委員などを歴任

　日本技術士会、電気学会、電気設備学会会員

　資格：技術士（総合技術監理部門、電気電子部門）、エネルギー管理士、監理技術者（電気、電気通信）、宅地建物取引主任者、ファシリティマネジャーなど

　著書：『技術士第二次試験「口頭試験」 受験必修ガイド　第5版』、『例題練習で身につく技術士第二次試験論文の書き方　第5版』、『技術士第二次試験 「建設部門」要点と〈論文試験〉解答例』、『技術士第二次試験 「電気電子部門」要点と〈論文試験〉解答例』、『技術士第二次試験「総合技術監理部門」 標準テキスト』、『技術士第二次試験「総合技術監理部門」 択一式問題150選＆論文試験対策』、『トコトンやさしい発電・送電の本』、『トコトンやさしい熱利用の本』、『トコトンやさしい電気設備の本』（日刊工業新聞社）等

【著者】

大原　良友（おおはら　よしとも）

　技術士（総合技術監理部門、機械部門）

　大原技術士事務所　代表（元某エンジニアリング会社　主席技師長）

　所属学会：日本技術士会（CPD認定会員）、日本機械学会

　学会・団体の委員活動：（現在活動中のもの）

　公益社団法人・日本技術士会：男女共同参画委員会・委員

　一般社団法人・日本溶接協会：化学機械溶接研究委員会　圧力設備テキスト作成小委員会・副委員長

　国土交通省：中央建設工事紛争審査会・特別委員

　資格：技術士（総合技術監理部門、機械部門）、米国PM協会・PMP試験合格、監理技術者（機械）

　著書：『技術士第二次試験「機械部門」 対策と問題予想　第4版』、『技術士第二次試験「機械部門」択一式問題150選　第3版』、『技術士第二次試験「機械部門」対策〈解答例＆練習問題〉 第2版』、『技術士第二次試験 「機械部門」要点と〈論文試験〉 解答例』、『技術士第一次試験「機械部門」 専門科目受験必修テキスト第3版』、『技術士第一次試験「機械部門」 合格への厳選100問　第4版』、『建設技術者・機械技術者〈実務〉必携便利帳』（共著）、『トコトンやさしい圧力容器の本』（日刊工業新聞社）

　取得特許：特許第2885572号「圧力容器」など10数件

　受賞：日本機械学会：産業・化学機械と安全部門　部門功績賞（2008年7月）など数件

技術士第二次試験「機械部門」過去問題
〈論文試験たっぷり 100 問〉の要点と万全対策　　NDC 507.3

2020 年　2 月 14 日　初版 1 刷発行　　　　（定価は、カバーに表示してあります）

　　　　　　　　　　　監 著 者　福　田　　遵
　　　　　　　　Ⓒ　著　者　大　原　良　友
　　　　　　　　　　　発 行 者　井　水　治　博
　　　　　　　　　　　発 行 所　日 刊 工 業 新 聞 社
　　　　　　　　　　　東京都中央区日本橋小網町 14-1
　　　　　　　　　　　　　　　（郵便番号 103-8548）
　　　　　　　　電話　書籍編集部　03-5644-7490
　　　　　　　　　　　販売・管理部　03-5644-7410
　　　　　　　　　　　FAX　03-5644-7400
　　　　　　　　　　　振替口座　　00190-2-186076
　　　　　　　　URL　http://pub.nikkan.co.jp/
　　　　　　　　e-mail　info@media.nikkan.co.jp

　　　　　　　　印刷・製本　美研プリンティング
　　　　　　　　組　版　メディアクロス